자식과
이별하자

자식과 이별하자

자식의 경제적 자립이 부모의 행복입니다

윤종암 지음

북랩 book Lab

글을 시작하면서

　우리나라 부모들은 참 불쌍하다.

　평생을 가족을 위하여 죽도록 일하고 또 은퇴 후에 일터로 내몰리고 있다. 일이 좋아서, 아니면 자기실현을 위해서 하고 싶어 하는 일이야 좋은 일이고 권장할 일이지만, 막상 은퇴를 하고 나왔는데도 자식들 때문에 노후 준비를 미처 못 했거나, 아니면 제 앞가림을 못 하는 자식 때문에 다시 험한 세상으로 내몰리고 있다.

　늙은 나이에 돈벌이하려고 사회에 나오면 푸대접받고 모든 것이 서럽다. 은퇴를 하고 나면 자기 자신이나 부부를 위한 행복한 시간을 보내야 하는데, 그리하기에는 현실이 너무 어렵다. 또 다행히 밖으로 생업전선에 나서지 않아도 많은 은퇴자가, 자식의 자식까지 돌봐주고 있다.

　평생 자식을 위해 살다가 모든 의무에서 벗어날 때쯤이면, 병원이나 요양원으로 가야 한다. 우리 부모들의 인생이 너무 서글프다. 주변에 늙어서 눈물 흘리는 부부가 너무 많다.

　무엇이 우리를 이렇게 힘들게 하는 걸까? 그 해답은 바로 **자녀와 부모의 관계**이다.

　젊을 때는 몰랐지만, 늙어 보면 "무자식이 상팔자다."라는 옛말이 생각난다.

그럼 현재 어린 자녀를 키우는 3~40대 부모는 아무런 걱정을 안 해도 되는 걸까? 아니다. 오히려 3~40대가 중요하다. **지금부터 준비를 잘해야 늙어서 불행한 삶을 살지 않게 된다.** 또한 성인이 된 자녀를 가진 5~60대 부모도 이제는 자식에게 과감하게 경제적 이별을 선언해야 한다. 이 책은 자녀를 키우고 있는 모든 부모가 늙어 불행해지지 않는 방법을 경험과 사례를 통하여 기술한 것이다.

밀림의 동물도 새끼가 태어나면 일정 기간 사냥법과 생존 훈련을 시켜, 어미와 눈물의 이별을 하고 떠나보낸다. 그것이 삼라만상의 법칙이다.

우리 인간도 이처럼 밀림의 자연법칙을 동물에게서 배워야 한다.

자식에게 언제까지 먹이를 물어다 줄 것인가? 늙으면 이빨이 없어 먹이를 물어다 주는 것도 안 된다.

부모는 자녀를 어릴 때부터 사회에 적응할 수 있도록 잘 교육하고 훈련시켜, 성인이 되면 이별을 선언하고 정글로 내보내야 한다.

한시라도 빨리 훈련시켜 이별하자. 자식에게 미련을 갖지 말자.

성인이 되면 내 자식이 아니다. '떠나보내자.' 이 책에서는 자식과 이별을 위한 생존 교육과 훈련하는 방법이 쓰여 있다.

대신 밀림에서 생존율이 높도록 잘 가르쳐서 떠나보내자. 그것이 부모가 자식에게 할 수 있는 최선이다. 이 책의 핵심은 **자녀와 이별하기 전에 냉혹한 사회에서 살아남을 수 있는 올바른 교육과 훈련, 습관을 기술한 것이다.**

그리고 "자식을 과감히 떠나보내야 영원히 함께 살게 된다."

이 책은 다음과 같이 구성되어 있다.

1장에서는 경제적 생존 능력을 가르친다.

2장에서는 좋은 습관은 운명을 바꿀 수 있다는 것을 알려준다.

3장에서는 창의력과 건강은 좋은 생활문화에서 만들어진다는 이야기를 한다.

4장에서는 자녀가 살아가면서 자신의 안전과 가족의 안전을 지키는 방법에 대한 이야기를 나눈다.

5장에서는 손주들을 이렇게 키우고 싶다는 글이 쓰여 있다.

이 책은 부모와 자식 간에 함께 성장하고 발전하는, 상생하는 방법이 될 것이다.

미래의 소중한 우리 꿈나무를 키우는 부모들이 이 책의 단 한 줄이라도 참고로 하여, 성공한 부모와 자녀가 있다면 이 책은 그 소임을 다한 것이 되리라.

책을 시작하기 전에

자녀 교육에는 부모의 전략·전술이 필요하다

국가나 기업을 경영하는 데는 당연히 전략·전술이 있어야 하지만, 한 가정을 운영하는 데도 전략·전술이 필요하다. 가정의 경제, 재테크, 가족의 건강, 친인척의 관계 등, 특히 '자녀를 어떻게 키울 것이냐?'에 대하여는 장기적인 부모의 비전이 필요하고 전술도 필요하다. 부모가 가정을 경영하는 데 아무런 미래 비전도 없고 꿈이나 희망도 없이, 그때그때 닥치는 대로 살아간다면 그 가정은 장기적인 발전을 기대하기 어렵고, 어려운 일이 닥치면 쉽게 흔들릴 수 있다.

가정이란 행복한 가족의 정신적·신체적인 보금자리이다. 또한, 경제 공동체이기도 하다. 부부가 살아가면서 우리 가정의 철학과 목표를 세우고 중장기적인 계획과 목표를 이루어 나가며, 미래의 꿈나무인 자녀도 어떻게 키워나가겠다고 하는 기본 원칙을 세워야 하는 것이다.

기본이 잘 정립된 가정은 웬만한 어려움에도 쉽게 흔들리지 않고, 가정을 잘 가꾸어 나갈 수 있다.

특히 자녀의 교육에 대하여는 부모 간의 대화를 통해 의견이 일치해야 한다. 아빠와 엄마의 말이 상반되면 아이는 혼란을 겪게 된다. 자녀의 교육에 대하여는 기본 원칙이 자주 바뀌어서도 안 된다.

즉, 일관성이 있어야 제대로 된 교육이 가능한 것이다. 내가 아는 어떤 가정은 자녀들이 부모에게 의타심을 갖지 않도록 하기 위하여, 부모의 재산이 얼마인지도 자녀들이 알지 못하게 한다고 한다.

가정의 큰 전략은 집 장만은 언제까지 어떤 방법으로 해나가겠다는, 기본 계획을 세우고 매월 얼마씩 저축을 해나간다는 것과 아이들은 어떤 학교를 보내고, 가정교육은 어떤 원칙하에서 시킬 것인지 부부가 대화를 통해서 정하고, 그 바탕 위에 가정을 지속해서 발전시켜 나가야 한다. **즉, 부부의 공통된 인식과 소신이 있어야 한다.**

가장 중요한 것은 매일 조금씩 나아지는 가족과 가정이 되어야 한다는 것이다. 그러기 위해서는 원칙과 기본이 필요하고, 때에 따라 부부가 의논하면서 변화도 가능하다. 제일 중요한 것은 **자녀의 교육에 대한 방법과 원칙, 비전이 있어야 한다.**

목차

· 제1장 ·

자녀 경제 교육을 제대로 해야
부모의 노후가 안전해진다
- 자식의 미래는 부모의 노후와 직결된다

· 제2장 ·

좋은 습관은
운명을 바꾼다

제1장

자녀 경제 교육을 제대로 해야 부모의 노후가 안전해진다

자식의 미래는
부모의 노후와 직결된다

1. 자식과
경제적으로 이별하는 준비

"그러면, 너하고 애비하고 같이 죽자는 말이가."

이 말은 필자가 잘 아는 사람의 자녀가 계속 부모에게 경제적 도움을 요청하자, 견디다 못한 부모의 일갈이었다. 필자의 지인은 자식은 많고 재산이 없는 부모에게서 태어나 겨우 국민학교를 졸업하고 엄한 세상의 시장 바닥에서 온갖 허드렛일부터 배달 일 등 안 해 본 일 없이 열심히 살아왔다. 자기의 고생이 하도 서럽고 눈물겨워 내 자식만은 고생시키지 않고 귀하게 키우리라 다짐하면서, 이를 악다물고 열심히 돈을 벌어 크게 성공했다. 그런데 문제가 생겼다. 귀하고 호강스럽게 키운 자식이 사업을 하겠다고 한다. 그래서 사업체를 차려주었는데 자꾸 망한다. 부모가 볼 때는 혼신의 힘을 다해 사업을 하지 않는 것이 문제였다. 벌써 3번째 망했다. 갚아야 할 채무며 이자가 눈 덩어리처럼 불어났다. 이제 본인의 신용이 없으니 부모에게 자꾸 돈을 꾸어 달라고 하는데, 이제 부모도 더 이상 자식을 돌볼 처지가 안 된다. 한 발만 더 내디디면 노숙자가 될 판이다. 그런데도 자꾸 도와 달라고 떼를 쓴다. 웅덩이에 돌 집어넣기일 뿐이다.

아무리 자식이라도 진정으로 도와주어야 할 '가치가 있는 도움에만 도움을 주어야 한다.' 젊어서는 성공했지만 늙어서는 피폐해져 간다. 이 모든 것이 자식을 잘못 키운 탓이다.

자녀 교육은 이론이 아니다. 실전이다. 이론으로 하면 못할 일이 없다.

나는 말로만 하는 이론가는 싫어한다. 직접 경험한 사람을 믿고 신뢰한다.

치열한 삶을 살아오면서 자식들을 키워 보고, 또 손주들이 커 가는 모습을 보면서, 실제로 교육에 참여하여 실천하면서 느끼고, 배우고, 깨달은 부분을 이 책에 적었다.

우리에게 제일 중요한 것은 제대로 된 돈 교육, 즉 경제 교육이다.

내 손주들이 잘되는 것도 중요하지만, 이 땅의 많은 자녀는 우리 모두의 미래이다.

또 우리 부모들도 젊어서는 열심히 일하고, 노후에는 행복해져야 한다.

열심히 잘 살아온 삶이 자녀 교육의 소홀로 인하여 노후가 망가져서는 안 된다.

우리 부모의 노후는 자녀에게 달려 있다고 해도 과언이 아니다. 오로지 돈만 벌려고 해서는 안 된다. **'자식에게 돈만 벌어 남겨줄 생각보다는 아이를 부자가 될 품격으로 만들어 주어야 한다.'**

우리 주변의 많은 사람들의 노후를 보면서 깨달아야 한다.

부모들은 자녀 경제 교육을 잘 시켜 본인들의 노후도 잘 대비하

고 더불어 자녀를 이 세상에 홀로 우뚝 설 수 있는 아이로 키워
보자.

우리 부모는 누구보다 우리의 자식이 부자가 되기를 바란다. 그
러나 그냥 두면 잘될 수가 없다. 잘되게 만들어야 잘된다.

냉혹한 사회에서 견딜 수 있는 씩씩한 아이로 키워야 한다.

예전에 우리의 부모가 그랬듯이, 우리도 그리해야 한다.

그래야 미래가 있다.

자식과 이별하자

2. 자녀에게 경제 교육을 하지 않으면 실패한 인생이 될 수 있다

우리는 인생의 많은 시간을 오로지 돈 버는 데만 모든 노력을 경주한다. 우리의 주변에서 만나는 많은 사람이나 접하는 책, 모든 방송 매체가 사업이나 돈벌이 방법, 성공을 대화의 주제로 삼는다. 이제 우리의 삶에서는 재테크가 생활의 거의 전부라고 해도 과언이 아니다. 물론 사람이 살아가는 데 있어서 돈의 중요성은 두말할 나위가 없다. 그러나 그것 못지않게 중요한 것을 우리는 놓치고 있다.

많은 사람이 젊을 때, 오로지 돈만 벌기 위해 자기 자신의 삶 모두를 송두리째 바쳐서 부를 이룩하지만, 불과 얼마 못 가서 모래성처럼 모든 것이 허물어지고 만다.

저렇게 열심히 살아왔으니, 노후는 분명 돈 걱정 없이 편하게 살 것 같았다. 그러나 절대 무너지지 않을 것 같던 철옹성 같은 부가, 한순간에 무너지는 것을 보니 허망한 생각이 든다.

당장 거주할 곳이 없는 경우도 있고 끼니를 걱정해야 하는 어려운 형편도 있다. 그 원인이 어디에 있을까? 단지 말년의 운이 안좋아서 그럴까?

평생을 근검절약했는데, 갑작스럽게 사기를 당한 것도 아니고,

그 이유가 무엇일까? 많은 사례를 참고로 그 원인을 살펴보았다.

인생의 마지막에 실패한 원인은 거의 공통이었다. **바쁘게 살아오면서 결정적으로 잘못한 것, 그 원인은 바로 자식의 경제 교육이었다.**

어쩌면 돈을 버는 것보다 더 중요한 것은, 우리의 소중한 자식을 제때 제대로 교육하는 것이다. 자식 교육을 제대로 하지 않으면 빠르게는 부모가 한창 사회적으로 성공해 있는 순간에도 자식의 말썽으로 인하여, 각고의 노력으로 쌓은 공든 탑이 한순간에 무너지고 사회적으로 매장을 당하게 되는 경우도 있고, 좀 늦게는 자식이 장성하여 사업이나 투자의 실패 등으로 부모가 평생 피땀 흘려서 모은 돈을 어이없이 한순간에 날리게 되고, 심지어 부모 자신도 늙어서 오갈 데 없는 불쌍한 처지가 되는 것이다.

워런 버핏은 "명성을 쌓는 데는 20년이란 세월이 걸리지만, 그것을 무너뜨리는 데는 채 5분도 걸리지 않는다. 그걸 명심한다면 당신의 행동이 달라질 것이다."라고 하였다. **부나 명예를 쌓는 것은 오랜 시간과 큰 노력이 필요하지만, 그 모든 것을 잃는 데는 한순간이란 뜻**인데, 우리 사회에서 흔히 볼 수 있는 일이다.

자기만 열심히 노력하여 돈을 벌어서 자식에게 남겨 주면, 자식이 잘살 것으로 착각하는 데서 벌어지는 현상이다.

물고기 잡는 방법을 모르는 자식에게 잡아 준 물고기는, 자식에게 바로 독이 되어 자식의 인생도 망치고, 부모 자신의 노후도 망가지는 것이다.

자식과 이별하자

여기서 우리가 깨달아야 할 것은 부모 자신의 사회적, 경제적 발전과 향상에 따라 자식의 경제 교육이나 인성 교육을 잘해야, 부와 명예가 안정적으로 유지될 수 있다는 것이다. 또 이는 부모 자신의 노후와 직결되는 문제이기도 하다.

이 장에서는 부모 자신의 성장 및 발전과 동시에 자녀에게 어떤 교육을 어떻게 해야, 부모의 품으로부터 벗어나 스스로 경제적 자립할 수 있는가 하는 방법을 기술한다.

부디 자녀 경제 교육을 똑바로 하는 현명한 부모가 되자.

그래서 자식도 살고 부모도 살자.

부모가 돈을 많이 벌어다 주면 자식도 부자로 살게 될까

친구의 형인 K씨는 올해 78세이다. 그 당시는 거의 다 그렇듯 부부의 양가가 매우 어려워 거의 무일푼으로 결혼하였고, 부부가 특별한 기술이 없어 건축 현장에서 막노동을 하다가 건축 목수 일을 배워 건축 공사 현장에서 평생 동안 근면 성실하게 열심히 일해 왔다. 우리나라가 한참 고속 성장하고 건설 경기가 좋은 시기라서 부부가 밖에 나가서 열심히 노력하여 그런대로 돈을 잘 벌어, 아들 둘을 키워 대학교 졸업하여 결혼도 시키고 부동산 등 건물도 몇 채를 마련하고 땅도 장만하는 등, 부부의 노후도 잘 준비해 놓은 상태였다.

그런데 그 큰아들이 처음에는 직장 생활을 하다가 적성에 맞지 않는다고 그만두고, 사업을 하겠다고 한다. 본인이 벌어 돈은 없으니, 부모가 벌어 놓은 재산을 믿고 사업을 했는데, 그 사업이 실패했다. 주변의 이야기로는 평소에도 돈에 대한 개념도 없고 책임감도 없으며, 돈을 함부로 낭비하는 성향이었다고 한다. 사업도 죽기 살기로 하는 것도 아니니, 당연히 사업도 망하고 부모가 남겨준 재산도 경매로 모두 넘어가 버렸다. 그래서 늙은 부모가 오갈 데 없는 어려운 지경에 이르렀다. 부인은 저런 남편과의 결혼 생활을 더 해 봤자 답이 없다고 이혼까지 요구한다. 물론 이와 같은 사례는 수없이 많을 것이다. 어째서 이런 안타까운 일이 발생하는 걸까?

부모는 오로지 새벽에 건축 현장에 갔다가 밤늦게 집에 돌아오는 바쁜 생활을 했을 뿐인데, 무엇이 잘못이었을까? 단순히 운명이라고 치부하기에는 그동안의 열심히 살아온 삶이 너무 억울하다. 필자가 옆에서 객관적 입장에서 그 원인을 찾아보았다. 그 이유는 놀랍게도 다른 곳에 있는 것이 아니었다.

바로 자식 교육을 잘못한 결과였다. 아니, 교육이 아니라 실은 그냥 방치한 수준이었다. 부모가 아이들에 관심을 안 가지다 보니, 자식에 대한 미안함으로 모든 것을 돈으로 해결하게 되고, 아이들 또한 돈을 부족함이 없이 함부로 낭비하다 보니, 돈에 대한 소중함이나 경제 개념이 아예 없이 자란 것이었다. **돈 귀한 줄 모르고 자란 탓에 부모가 평생 뼈 빠지게 번 돈을 한순간에 다 날린 것이다.**

이 부부는 자신들은 열심히 살았지만, 자식에 대한 교육 부재로 자식의 삶도 망가지고 부모 본인의 노후도 힘들게 된 것이다.

우리 부모는 자신만 열심히 살아서만 될 일이 아니다. 자녀에게 소비와 저축 등 돈 관리와 올바른 경제생활을 훈련시키고 습관화시켜야 한다.

부모에게 제대로 배우지 못한 자녀들은 돈을 쉽게 벌겠다고 생각하게 되고, 대출의 무서움을 몰라 채무 불이행자가 되거나 투기의 유혹에 빠질 수 있다.

우리 부모는 자식에게 한 푼이라도 물려주려고 애쓰는 것보다는, 금융 경제 교육을 잘해 주는 것이 억만금의 재물을 물려주는 것보다, 훨씬 더 나은 선택이 될 것이다. 작게는 소규모 가정 경제부터, 크게는 재벌이라도 마찬가지이다. 부모가 아무리 많은 재물을 물려주어도 그 재산을 잘 관리하지 못하면 재산을 날리는 것은 말할 것도 없고 스스로 생활할 수 없는 무능력자가 될 것이며, 자칫하면 이 사회에 크나큰 빚을 지우는 결과도 생길 수 있다. 우리 부모는 사랑하는 자식을 위하여 어느 것을 선택할 것인가?

분리 경제를 가르치고 경제 교육이 선행되어야 한다

이 장에서는 아이들의 경제 교육을 위하여, 용돈 교육부터 시작하여 돈의 소중함과 돈의 가치를 알고 소비와 저축, 또 돈을 버는 것, 그리고 투자까지 이야기한다. 아이가 성년이 되면, 부모와 자녀는 경제적인 이별을 하는 것이다. 그래야 아이도 스스로 독립하고 부모 또한 노후가 보장된다.

지금 우리가 사는 세상은 부모 노릇 하기가 참 힘든 세상이다. 과거와는 다른 세상이 펼쳐지고 있다. 이 세상의 흐름을 알아야 한다. 특히, 여태까지는 부모와 자녀의 경제 관계가 거의 동일시되어 왔지만, 앞으로는 부모와 자식의 경제 관계에 대하여, 각자 분리를 해야 한다는 생각이다. 부모의 노후가 불행해지지 않고 자식의 자립 능력을 위해서이다.

내 친구의 아들은 30대 초반을 갓 넘긴 이른바 '사' 자 면허증을 가진 전문직인데도 불구하고 본인의 노동 소득으로는 부자가 될 수 없다는 생각에 고민을 많이 한다고 한다.

같은 친구들에 비해서는 많이 벌기는 하지만, 가정에 드는 생활비를 제외하고 좀 남은 잉여금으로 마땅히 자산을 불려 갈 방법이 없다는 것이다. 현재 저금리 상태이고 부동산 투자를 하기에는 턱없이 적은 돈이라서 부채를 사용해야 하는데, 지방에 살고 있으니 빚을 내어 부동산 투자를 해도 수익을 내기가 어려운 실정이라고 한다.

자식은 은근히 부모의 도움을 받고 싶어 하는 마음이 있는 것 같다고 한다. 내 친구는 자신이 능력이 있으면, 자식에게 한 살림을 차려 주었으면 좋겠다고 이야기하고, 이제 마지막 남은 논 몇 마지기라도 자식한테 줄까 싶다고 이야기한다.

자식과 이별하자

필자가 볼 때 내 친구는 부모로서의 역할을 훌륭하게 잘한 것 같은데, 그래도 자식에게 더 못 도와주어서 안달하는 것이다. 친구도 자식 공부시킨다고 노후 준비를 제대로 하지 못한 것으로 알고 있다.

앞으로 살아갈 날도 20년이 될지, 30년을 더 살지, 그보다 더 살지도 모르는데, 재산을 더 이상 주어서는 안 된다고 말리니, 자식한테 논을 주면 부모에게 설마 모르는 척하겠느냐고 스스로 희망적인 이야기를 한다.

필자는 여기에서 과감하게, **자식에게 경제적 이별을 선언하라고 했다.** 물론 어렵고 힘든 미래 삶에 대비하여, 젊은 나이에 자산을 늘리려고 마음을 쓰고 노력하는 것은 가상하고 칭찬해 줄만하다. 아예 그런 개념조차 없는 젊은이들도 많은데 말이다. 그렇지만 여기서 더 이상 부모의 도움을 바라는 것은 도리가 아니다.

설사 부모가 재산이 많아도 당장 도와주는 것은 올바른 방법이 아니다. 자식은 부모의 재산을 탐내지 말고 악착같이 노력하여, 스스로 살아가는 습관을 들여야 한다. 부친은 아파트 경비 일을 하면서 가진 거라곤 논 몇 마지기에 지금 사는 집뿐인데 자식에게 더 준다고 하는 것은, 어리석은 부모의 행동일 뿐이라고 조언해 주었다. 많이 늦었지만, 지금이라도 경제적인 이별을 해야 한다고, 부모가 30살이 넘은 자식에게 더 이상 끌려다녀서는 절대 안 된다고 말이다.

우리 부모는 누구나 내 자녀가 풍요로운 삶, 평생 큰 부자는 아니더라도 돈 걱정하지 않고 살아가기를 원한다. 과거에는 어느 정도 성실하고 근면하면 살아가는 데 큰 어려움이 없었지만, 지금처럼 글로벌 세계, 고도화된 자본주의 사회에서 살아가기 위해서는, 경제 흐름과 금융을 모르면 삶을 살아가기가 어려운 세상이 되었다.

경제 교육의 중요성은 아무리 강조해도 지나침이 없지만, 우리의 공교육에서는 정규 교육이 제대로 잘 이루어지지 않고 있다. 그러니 우리 부모가 경제 교육에 대한 원칙을 가지고, 아이들에게 이 세상을 살아가는 데 가장 중요한 금융 경제 교육을 스스로 해 줄 수밖에 없다. 그 경제 교육은 부모가 경제 지식을 많이 알면 더 좋겠지만, 그렇지 않아도 몇 가지 원칙을 가지고 실천하면 된다.

부모 스스로 그런 교육을 하겠다는 마음의 자세가 중요하며, 그것은 곧 부모 자신의 노후 대책과도 직결되는 것이다. 아이가 어릴 때부터 경제 교육을 하면서 부모 자신도 공부하여 자식 경제 교육과 함께 실천한다면 아주 효과적일 것이다.

만약 경제 교육이 되어 있지 않은 자식을 사회에 내보내는 것은, 맹수가 우글거리는 밀림에서 살아가는 방법을 알려 주지 않고, 정글 속에 내팽개치는 것과 같다.

곧 다른 맹수의 먹잇감이 되지 않는다고 장담할 수 있겠는가? TV 프로그램 〈동물의 왕국〉에서도 어미는 새끼가 태어나면, 일정 기간 동안 먹이를 먹여 주고 사냥 훈련을 시킨 다음, 밀림 속으로 보내어 어미와 분리한다. 그러면 그다음은 새끼 스스로 살아남아야 한다.

그런데 우리 인간들은 어떤가. 예외도 있지만 많은 부모가 자식을 따뜻하고, 안락한 온실 속에서 잡아 온 고기를 먹여 주고, 또 잡아 온 물고기를 가득 채워 준다.

아이의 사냥 능력을 길러 주지 않고, 부모가 언제까지 살아서 보호자 역할을 해 줄 수 있을까?

그럼 어떻게 하는 것이 부모와 아이 모두 성공하는 경제 교육이 될 수 있을까? 어릴 때부터 아이의 머릿속에 주입해야 할 가장 중요한 것은 **부모와 자식 간의 경제 관계는 분리 경제임을 가르쳐야 한다는 것이다.** 또 자녀가 일정 나이가 되면 경제를 분리해야 한다. 그리고 그 전제 조건으로 어릴 때부터 맹렬한 경제 교육이 사전에 선행되어야 한다. 공부를 많이 시키는 것이 중요한 것이 아니고, 경제를 가르치고, 실행하는 습관을 들여야 한다.

3. 록펠러 가문의
자녀 경제 교육 방법에서 배울 것들은

　얼마 전에 미국 동부를 여행할 기회가 있어 뉴욕의 핵심인 맨해튼을 가게 되었는데, 미 동부의 세계적인 유명 대학이 있는 곳과 중요 부지 대다수가 록펠러 재단 소유라는 이야기를 들었다. 당대에 세계 최고의 갑부를 만들어낸 록펠러 재벌가의 경제 교육 방법은 어떠했는지 궁금해졌다. 그들은 어떻게 돈을 벌고 오랜 세월 동안 부를 유지할 수 있었을까?

　분명히 돈에 대한 핵심 철학이 있을 거라는 생각에 록펠러 전기와 각종 자료를 이용하여 알아보았다. 여러 가지 요인이 있었겠지만, 그중에서도 가장 큰 요인은 역시 자녀에 대한 철저한 경제 교육 덕분이었다. 이 글에서는 록펠러가 당대 최고의 부를 이룰 수 있었던 부모의 교육 과정과 또 그 부를 유지할 수 있었던 자녀의 교육법에 대하여 알아보자.

록펠러의 아버지 윌리엄 록펠러의 돈 버는 교육

　록펠러의 아버지 윌리엄 록펠러는 젊어서는 여러 직업을 전전하면서 가정생활에 그다지 충실하지는 않은 아버지였다. 다만 본인이 장사하는 사람이어서 그런지 아이들에게 장사 수완 등의 교육은 아주 혹독하게 했다고 한다.

예를 들면, 용돈을 주는 대신에 파리를 잡으면 3센트, 쥐를 잡으면 5센트씩 주는 식으로 용돈 벌이를 하게 했으며, 어머니의 직장에서 일손을 거드는 식으로 노동 과정을 통해서 경제 관념을 익히게 하였다. 이 과정에서 록펠러는 어린 나이부터 수입 장부를 만들어 돈 버는 재미를 익혔다.

심지어 아버지는 성인이 된 록펠러에게 돈을 빌려주고 이자를 받았으며, 아버지의 새집에 들어가는 대가로 집세를 낼 정도였다. 또한, 하루는 높은 곳에서 떨어지면 자기가 받아준다는 아버지의 말에 록펠러는 의심 없이 아버지 품으로 떨어졌으나, 아버지는 받아주지 않았다.

그러고선 아버지가 하는 말이 다음과 같았다. "아무도 믿지 말아라. 심지어 아버지인 나조차도." 이런 아버지의 교육 방식 때문에 록펠러는 평생 동안 불안감에 가까운 철저함을 가지게 되었다고 한다.

이를 바탕으로 그의 집안은 아버지의 잦은 부재하에도 여러 부업을 하며 좋은 장사 수완으로 중산층 정도의 생활을 했다. 어찌 보면, 매우 불성실한 가장에 가까운 아버지의 혹독한 경제 교육 덕분에, 지금의 록펠러 가문이 탄생하였다고 봐도 무방할 정도이다.

아버지는 아들 록펠러가 엄청난 거부가 된 후에도, 자식에게 의지하지 않고 자신만의 삶을 스스로 살아갔다고 한다.

그러나 윌리엄 록펠러에게도 자식의 경제 교육에 대한 철학은 분명히 있었다. 그 덕분에 세계적인 재벌이 만들어진 것이다. 만일 어릴 때부터 돈 버는 방법을 가르쳐 주지 않았다면 그와 같은 엄청난 부가 가능했을까?

역시 세계적인 재벌은 우연히 만들어지는 것은 아닌 것 같다.

우리 독자들도 이를 벤치마킹해 보자. 자기 가정의 여건에 맞추어서 시도해 보기를 바란다. 세계 최고는 아니어도 국내 최고가 될지 누가 아는가? 우리의 미래 꿈나무들의 무한한 가능성을…. 흙수저 타령만 하게 하지 말고, 우리 부모들이 일찍부터 가능성을 열어 주자.

록펠러 가문 경제 교육의 첫걸음은 용돈으로부터 시작했다

록펠러는 큰 재벌이 되었음에도 불구하고 자식들에 대한 경제 교육에 큰 노력과 정성을 쏟았다.

『록펠러가의 사람들』(씨앗을 뿌리는 사람, 2004)이라는 책을 보면 록펠러는 하루도 빼놓지 않고 장부를 기록했으며, 한 푼도 소홀히 하지 않고 수입과 지출금, 저축과 투자금 그리고 사업과 자선기부금의 내역을 작성해 나갔다. 따라서 록펠러는 록펠러 2세에게 자연스럽게 조기 경제 교육을 할 수 있었다.

록펠러는 자녀들에게 '용돈 기입장'을 매일 쓰게 했고, 용돈 기입장을 안 쓰면 잠도 재우지 않았다고 한다. 요즘 같으면 자녀 학대라고 볼 수도 있다.

매주 토요일에는 용돈 기입장을 들고 한자리에 모이게 했다.

그리고 먼저 일주일 단위로 용돈을 주고 그 사용처를 정확히 기입하게 했다.

용돈의 사용처에 대한 가이드도 주었다. 용돈의 사용처는 개인적인 용도와 저축과 기부였다고 한다.

가이드에 맞추어 잘 사용하고 장부 기입을 한 자녀에게는 상금을, 그렇지 않은 아이는 벌금을 매겼다.

록펠러 2세에게 이렇게 엄격하게 아이에게 용돈 교육을 하는 이유가 뭐냐고 물으니 다음과 같이 대답했다고 한다.

"나는 항상 돈 때문에 우리 아이들의 인생이 망가질까 봐 걱정했어요. 아이들이 돈의 가치를 알고 쓸데없는 곳에 돈을 낭비하지 않기를 원했습니다."

자녀 경제 교육의 제일 첫 걸음은 바로 용돈 관리에 있었다.

록펠러는 재벌이면서도 근검절약 정신이 철저했다

록펠러 2세와 그의 부인 세티는 집에서도 아이들에게 자전거를 하나만 사주고 공유하게 하였고, 옷이 해지기 전에는 절대 새 옷을 사주지 않았다고 한다. 또 아이들에게 집에서 아르바이트를 시켰는데, 다른 일꾼들과 똑같은 인건비를 주었다고 한다.

　다만, 아이들에게 자전거를 하나만 사주고 공유하도록 한 것은 록펠러가 아니라, 그의 부인 세티의 결정이었다. 록펠러는 아이들 모두에게 자전거를 사 주고 싶어 했으나 세티는 자전거를 공유해야 아이들이 양보와 협동 정신을 배울 수 있다고 반대했다. 세티는 록펠러만큼, 혹은 그 이상으로 검소한 인물이었다.

　아이들을 잘 교육하기 위해서는, 부부가 같은 철학을 가지고 한 목소리를 내며 가정 교육을 해야 한다. 부모가 서로 딴소리를 하면 자식들은 혼란을 겪게 되며 그 교육은 실패할 것이다. 우리의 자녀들이 어렸을 때부터 근검절약하는 습관을 지니게 되면 평생을 살아가면서 남에게 지탄받을 일이 별로 없을 것이다. 근검절약은 습관이다.

자식과 이별하자

4. 경제 교육의 시작은
용돈부터

막내딸의 친구한테서 전화가 와서, 아이 때문에 속상한 이야기를 하더라고 한다.

아침에 7살 아들이 화장대 위에 있는 천 원짜리를 자기 호주머니에 슬그머니 넣는 것을 보고 많이 혼냈다고 하면서, 마음이 아프고 혼란스러워 아이 돈 교육을 어떻게 하면 좋겠냐고 하더란다. 막내딸은 무조건 나무라기보다는 아이가 말없이 돈을 가져간 것은 잘못된 것임을 알려 주고, 이번 일을 계기로 차근차근히 용돈 교육을 시작하라고 이야기했단다.

부모는 자식에게 뭔가 경제 교육을 하고는 싶은데 무엇부터 어떻게 해야 할지 막연하고 고민이 많을 수밖에 없다. 시중에도 어린이 경제 교육에 관련된 책이 많지만, 아이들에게는 경제 지식이나 개념보다도 돈에 대한 가치를 제대로 알고 돈을 대하는 올바른 태도와 돈을 잘 관리하는 습관을 몸에 익히는 것이 필요하다.

여러 자료를 참고해보면, 성공한 자식을 둔 세계의 많은 부모는 용돈을 이용하여 현명하게 돈을 제대로 다루는 법을 가르쳤다고 한다.

필자 또한 손주들을 대상으로 해 보아도 용돈으로 하는 것이 가장 좋은 방법임을 알 수 있었다.

일단, 용돈은 부모가 쉽게 행할 수 있다. 용돈 관리 원칙을 세우고 용돈 기록부를 활용하여 아이들이 스스로 지출을 해 보고 돈을 관리하는 법을 배우게 하는 것이다.

아이에게 용돈을 주는 것은 돈을 관리하는 연습을 시키고 부모에게 지급받는 용돈으로 소비를 위한 예산도 수립하게 하며, 수입의 범위를 벗어나는 지출을 하면 안 된다는 것을 가르치게 되는 것이다.

"세 살 버릇이 여든까지 간다."라는 옛날 속담이 있다. 어릴 때부터 돈을 제대로 관리하는 법을 배워 성인이 되었을 때 경제적인 어려움을 사전에 방지하고, 여유로운 경제생활을 할 수 있도록, 그 실천 방법을 배우는 데는 용돈을 활용한 교육이 최선의 방법일 것이다. 어릴 때 돈에 대한 개념을 제대로 배우지 못하면, 성인이 되어서 여러 사람에게 피해를 줄 수 있다.

용돈 교육은 언제부터 시작하는 것이 좋을까

요즘은 아이들이 일찍부터 돈에 대한 가치를 알게 되는 것 같다.

교육 시기는 아이마다 다르지만, 아이가 돈에 대한 가치를 알게 되는 시기부터 시작하는 것이 바르다고 생각한다. 세뱃돈이나 어른들에게 받은 용돈을 은행으로 가서 저축하는 경험은 부모의 말귀를 알아듣는 5~6세부터 시작하고, 본격적으로 용돈을 주는 것은 초등학교 입학 시기부터 시작하는 것이 좋겠다.

초등학생이 되면 학교에 걸어서 통학하게 되고 친구들이랑 어울리게 되는 시기이다. 아주 적은 금액으로 용돈을 쓰게 하고, 용돈을 가지고 있다가 사고 싶은 유혹에 못 이겨 스스로 물건을 사서 돈을 사용해 보거나, 또는 참고 견디는 절제심도 가지게 된다. 물론 이때는 부모의 세심한 관심이 필요하다.

막내딸의 자녀가 2명이다. 큰 손주는 11살이고 둘째 손주는 6살인데 집에서도 엄마가 해야 할 설거지와 거실, 화장실 청소 등을 하여 용돈을 모은다고 한다. 할아버지 집에 와서도 아르바이트할 게 없느냐고 물어보길래, 어디에 돈이 필요한지 물어보니 용돈을 모아서 자기가 갖고 싶은 장난감을 사기 위해 돈을 모은다고 했다. 6살짜리 손주는 나이에 비해 좀 빠르기는 한데, 형이 하는 것을 보고 따라 한다. 할아버지에게 와서 무엇을 갖고 싶다고 무조건 사달라고 하는 것보다, 본인이 스스로 용돈을 벌어서 모아서 사겠다고 하니 대견하다. 용돈 교육은 나이와 상관없이 아이가 돈에 대한 의미와 가치를 알게 되면 언제든지 시켜도 문제가 없다고 생각한다.

먼저 아이와 함께 돈에 관하여 이야기를 나누어 보자

어느 날 갑자기 아이에게 용돈을 주고 교육을 시작하겠다고 하는 것보다는, 사전에 아이와 함께 돈에 대한 의미나 사용법, 저축 등에 대하여 여러 가지 대화를 나누어 보고 용돈 교육이 아이 본인에게 필요하다는 것을 이해하고, 받아들일 수 있는 마음의 준비가 되면 용돈 교육을 시작하는 것이 좋겠다. 아이와 협의가 이루어지면 몇 가지를 가르치고 실행해 보자.

막내딸의 경우에는 큰 종이에 돈에 대한 가치나 사용법, 저축 등에 대하여 그림을 그려 놓고 설명하니 아이들이 훨씬 쉽게 이해하더라고 말했다.

첫째는 돈은 매우 소중하고 귀한 것임을 가르치고, 돈이 있어야 과자나 장난감, 옷 등을 살 수 있다고 알려 준다. 즉, 돈의 효용 가치를 알려 준다. 손주가 어릴 때 옆집 편의점에 가서 과자를 사 달라고 하여 필요한 것을 사고 돈을 주어야 가져갈 수 있다고 말하고 손주에게 돈을 주고 계산하라고 하였더니, 금방 돈의 중요함을 알아채고 큰돈과 작은 돈도 금방 구별했다. 돈의 가치를 알게 되니 돈을 좋아하게 되었다.

둘째는 돈을 쓰지 않고 모으면 큰돈이 된다는 것을 가르친다. 그동안 세뱃돈이나 받은 돈을 안 쓰고 모았더니 이렇게 많아졌다고 알려 준다. 이렇게 돈을 모으면 큰돈이 되고 꼭 필요한 큰 물건도 살 수 있다고 알려 준다.

자식과 이별하자

셋째는 돈을 사용하는 방법을 가르쳐 준다. 실제로 돈을 이용하여 물건을 사고파는 역할을 하며 상품을 구입하면 돈이 줄어드는 부분에 대하여 알려 준다. 아이들에게 책상 위에 돈을 단위별로 놓아두고 돈의 단위를 가르쳐준 뒤 거슬러 받는 것도 알려 주면, 돈에 대한 개념이 금방 생기게 된다.

넷째는 아이 명의로 통장을 만들어 주고, 통장 잔고에서 용돈을 사용한 만큼 돈이 줄어든다는 것과 예금을 하면 돈이 늘어난다는 것을 명세표와 통장의 잔고 내역을 보여 주며, 알기 쉽게 가르쳐야 한다. 통장의 입출금에 대하여 알게 하는 것이 용돈 교육의 시작이다.

다섯째는 용돈 교육을 하기 전에 아이와 함께 용돈을 주는 의미와 용돈의 사용 범위, 부모와 자식의 역할 부분을 이해하도록 교육하고, 금액과 용돈을 주는 시기 등에 대하여 아이와 충분히 대화하여 정한다.

제일 중요한 것은 용돈 교육을 하는 이유를 추상적으로 설명하지 말고, 그림이나 도표를 이용하여 용돈의 흐름이나 용돈 사용 시 지켜야 할 것 등의 실천 항목을 아이와 함께 작성하여 방이나, 책상 앞에 두고 자주 볼 수 있도록 해서 용돈 원칙을 지켜 습관화될 수 있게 하는 것이다.

여섯째는 책상 앞에 용돈 기입장을 걸어두고, 그 사용 내역을 빠짐없이 적는 습관을 들이는 것이다. 이것이 제일 중요하다. 그때그때 기록하지 않으면 잘 잊어버리기 쉬우니, 습관이 들 때까지는 부모가 챙겨 주어야 한다.

용돈의 금액과 지급 시기는

적절한 금액을 정하는 것은 쉬운 일이 아니다.

용돈 액수는 아이의 연령과 사용 범위에 따라서 정하는 것이 합리적이다. 아이들한테 들어가는 돈은 상당히 많은데, 학비나 옷값, 생활비, 학원비 등 비교적 큰돈이 들어가는 것은 부모가 내 주고 아이가 직접 용돈으로 사용할 부분은 학교 준비물, 친구 생일 선물, 학용품 간식이나 군것질 등이 될 것이다.

아이와 의논하여 용돈으로 살 물건과 부모의 돈으로 살 물건을 정해 놓는 것이 필요하다. 초등학교 1학년은 일주일에 천 원, 2학년은 2천 원 하는 식으로 학년이 높아지면 천 원 단위로 늘려 가는데, 그 금액은 아이와 의논해서 정하는 것이 좋다. 적게 주면 늘 부족하다고 투정하기 쉽고 너무 많이 주면 낭비벽이 생길 수 있다. 어느 정도는 남아야 저축하고 돈을 관리하는 능력도 기를 수 있다.

어느 저축 생활 단체에서 초등학생 전 학생을 대상으로 용돈에 관하여 조사한 적이 있다. 저학년은 한 달에 5천 원에서 1만 원, 고학년은 한 달에 1만 5천 원에서 2만 원을 받는 경우가 가장 많았는데, 약 80%가 만족감을 표시했다고 한다. 각 가정의 여건에 맞추어, 금액을 잘 정하는 것이 필요하다고 생각한다.

또한, 용돈을 주는 간격은 정기적으로 일정하게 주어야 한다.

보통의 가정에서는 아이에게 필요할 때마다 수시로 돈을 준다.

자식과 이별하자

또 아이가 돈을 달라고 할 때마다 주는 경우도 많은데, 이것은 정말 안 좋은 습관이다. 정기적으로 정해진 날짜에 미리 정한 금액을 주어야 한다.

항상 정해진 날짜에 일정 금액을 주면, 아이가 지출과 저축 계획을 세우고 실행하는 법을 배우게 될 것이다. 본인이 돈을 어떤 방식으로 사용하면, 언제까지 얼마를 모을 수 있겠다는 계획과 실천을 할 수 있는 것이다. 아이가 갖고 싶은 물건을 사기 위해 돈을 모으는 것은 용돈 교육의 매우 중요한 부분이다.

초등학교 저학년의 경우는 매주 지급하는 것이 적당하고, 아이가 초등학교 고학년이고 돈 관리를 잘한다면. 2주에 한 번씩 지급하는 것으로 하고, 때에 따라 아이와 의논하여 한 달에 한 번씩 지급할 수도 있다. 한 달에 한 번 지급하는 것은 큰돈을 한 달이라는 장기간에 걸쳐서 사용하는 법을 배울 수 있기에 좋다.

용돈은 신용을 배우는 첫걸음이다

우리가 이 세상을 살아가는 데 있어서 제일 중요한 것 중의 하나가 신용이다. 특히 돈에 대한 약속을 정말 안 지키는 사람이 있다. 주기로 한 날의 약속을 밥 먹듯이 어기고, 이리저리 거짓말을 하는 것을 보면 진절머리가 나는 경우가 있다. 물론 개인의 어떤 피치 못할 사정 때문에 그런 경우도 있겠지만, 그것보다는 아예 믿음과 신뢰를 배우지 못한 사람이다.

이런 사람은 두 번 다시 상대하고 싶은 마음이 안 든다. 우리는 우리의 자녀를 신용 없는 사람으로 키워서는 안 된다. 어릴 때부터 약속을 지키는 습관을 생활화하고 부모부터 모범을 보이자.

먼저, 부모가 용돈 지급일을 정확히 지키는 것은, 부모가 자식에게 가르치는 신용 공부의 첫걸음이다. 약속은 무슨 일이 있어도 지킨다는 마음가짐이 필요하다. 약속을 지킨다는 것은 자신의 신용을 지키는 첫걸음이기 때문이다. 부모가 지급 날짜를 자주 어긴다면, 아이들은 돈에 대한 약속을 우습게 생각할 것이고, 신용의 중요성에 대해서도 배우지 못할 것이다.

우리 아이들에게 부모가 정확하게 신용을 지킨다면, 그 아이도 그런 신용 문화를 배우게 된다. 부모가 부득이하게 용돈을 제날짜에 줄 수 없으면, 그 내용을 미리 설명하고 언제 주겠다고 명확하게 말해 주는 것이 필요하다. 그리고 그 약속을 꼭 지켜야 한다.

마마보이로 만들지 마라

아이와의 사전 약속에 의하여 지급하는 용돈은 일정 범위 내에서 아이 스스로 결정할 수 있는 자율권이 있어야 한다. 아이가 사용한 부분에 대하여 너무 세세히 간섭하게 되면, 매사에 아이 혼자 의사 결정을 못 하고, 일일이 엄마에게 물어보는 결정 장애 아동이 될 수도 있다. 마마보이로 만들지 말자.

필자의 6살 손주도 문방구에 장난감을 사러 가서, 엄마에게 이

자식과 이별하자

것을 사야 할지, 말아야 할지를 자꾸 물어본다. 계속 간섭이 이어지면 용돈뿐만 아니라 다른 일에서도 부모의 눈치를 보는 아이가 될 수 있다. 만약 아이가 불량 식품을 사 먹거나 피시방이나 오락실에 가는 것이 문제가 되면 용돈을 주기 전에 아이와의 대화를 통해 해결하여야 한다.

필자가 아는 어떤 부모는 아이에게 돈 관리 방법을 배우게 해준다고 용돈은 풍족하게 주는 편인데, 사용에 대하여 전혀 간섭하지 않는다. 그러니 아이가 그 돈으로 엉뚱한 사행성 오락의 길로 빠진다는 부모의 걱정을 들었다. 그래서 부모의 간섭과 통제가 적당한 선에서 이루어져야 한다는 생각이 든다. 용돈 기입장을 보고 혹 잘못된 부분이 있어도 나무라거나 꾸중을 하는 것보다는, 아이의 이야기를 들어 보고 대화를 하는 것이 필요하다. 용돈으로 아이를 잘 키울 수도 있고, 반대로 망칠 수도 있다.

용돈의 4분법

용돈은 가정 경제로 보면 월급이다. 우리는 월급을 받으면 어느 항목에 얼마를 사용해야 할지 미리 정하고, 그 항목별로 책정된 예산 금액 내에서 돈을 집행하게 된다. 만일 항목별로 분류하지 않고 사용하면 체계적인 가정 예산을 운용할 수 없고 사용처가 뒤죽박죽이 될 수 있다. 아이들도 마찬가지다. 돈의 큰 흐름은 정해 주어야, 아이들이 혼란을 느끼지 않고 따라 하면서 돈을 관리하는 법을 자연스레 익히게 될 것이다.

〈4분법 표〉

저축	투자
큰돈을 모으는 것인데, 방법은 두 가지이다. 은행 통장으로 모으는 것과 저금통으로 모으는 것이다. 좀 큰돈은 은행에 저금하도록 하고, 동전이나 적은 돈은 돼지 저금통에 저축한다. 중기적인 필요에 의해 돈을 모으는 것이다.	적은 돈을 모아 일정한 금액이 되면 국내 주식이나 미국, 중국 주식을 사는 것이다. 배당을 재투자해서 복리 효과를 이용하고, 훗날 큰돈이 필요할 때 사용하도록 한다. 장기적으로 운영하는 것이 좋다.
기부	소비
소득 수준에 맞추어 5~10%를 불우이웃 돕기 성금으로 기탁하도록 한다. 어릴 때부터 기부 습관을 들이지 않으면, 어른이 되어서도 잘할 수 없다.	장난감, 학용품, 선물, 군것질 등을 위하여 돈을 사용하는 것이고, 돈이 줄어드는 것이다. 합리적인 소비 습관을 들이는 것이 중요하다.

일상 소비를 위한 돈은 지갑에 넣어 소지하도록 하고, 돈을 깨끗하게 관리하는 습관을 들인다. 요즘은 체크카드를 사용하게 하는 것도 좋은 방법이다.

또한, 통장에 돈을 모으는 것과 저금통에 모으는 돈은 사용처의 목표를 미리 정하고 모으는 것도 실천력을 지속하는 방법이다. 필자의 6살 손주는 일정 기간 동안 용돈을 모아서 장난감을 산다는 개념은 가지고 있다. 특별한 경우, 즉 생일 등이 아니면 선물을 사달라고 하지 않고, 스스로 돈을 모아서 사야 한다는 것을 알고 실천한다. 부모의 평소 생활 습관과 교육이 아이의 소비 지출에 대한 올바른 개념을 잡아 준다는 것을 알 수 있다.

자식과 이별하자

용돈 기입장은 경제 교육의 핵심이다

　용돈 교육을 시작하는 것은 수입과 지출 상태를 알고 돈을 효율적으로 관리하기 위한 것이다. 그 첫걸음이 용돈 사용에 대한 내용을 기록하는 것이다.

　용돈 기입장은 아이 스스로 쓴 돈을 세부적으로 기록해 보는 것인데, 저축한 돈은 얼마인지, 소비는 어디에 얼마나 지출했는지 등 아이들의 씀씀이를 일목요연하게 파악하는 것이다. 중요한 것은 매달 말과 연말을 기준으로 결산하게 하는 것이다. 처음에는 부모가 같이하면서 방법을 가르쳐 주어야 한다.
　그래야 용돈을 효율적으로 사용하고 장기적으로 관리하는 습관을 들일 수 있다. 또 비싼 물건을 사고 싶을 때도 목표 기한을 정하고, 매월 얼마씩 저축하면 살 수 있는지를 계획할 수 있다. 각 항목에서 얼마를 줄이면 몇 달 후에 그 물건을 살 수 있다는 생각을 할 수 있고, 그 계획에 맞추어 자신의 경제생활을 관리하는 법을 배울 수 있다.

　용돈의 사용과 관리는 아이들 금융 교육의 핵심이다. **용돈 교육을 구체화하고 일목요연하게 하는 것이 용돈 기입장이다.** 용돈 기입장의 내용은 수입 부분은 부모나 친척에게 받은 돈 항목이 있고, 그다음으로 내가 번 돈은 얼마인지 기록한다. 지출 부분은 4가지 항목으로 나누는데 저축, 소비, 투자, 기부로 하고 다음 항목은 잔액 항목이 되고 마지막으로 사용 내역을 기록하도록 한다.

아이들은 보통 용돈 기입장을 작성하는 것이 귀찮고 번거로워서 싫어하겠지만, 꼭 작성해야 하고 매월 결산하도록 한다. 1년 정도만 습관을 들이면 돈이 늘어나는 재미에 계속하게 될 것이다. 특히 스마트폰에는 용돈 기입장 애플리케이션(앱)이 다양하게 출시되어 있으니, 앱을 사용하면 아이들이 훨씬 재미있어 할 것이고 컴퓨터를 사용해도 재미를 붙일 수 있다.

매월 결산서와 1년 단위 결산서를 작성하면, 그것을 바탕으로 새해 용돈에 관하여 대화와 협상을 통해 액수를 정하게 될 것이다. 아이도 이 과정에서 체계적인 돈 관리 등 많은 것을 배우게 된다. 용돈 기입장을 작성하는 습관만 만들어지면, 경제 교육의 많은 부분이 성공했다고 할 수 있다.

필자의 손주도 컴퓨터로 스스로 작성하여 책상 앞에도 붙여 놓았고, 또 본인 스마트폰의 용돈 기입장 앱을 사용하도록 했더니 좋아하고 빠짐없이 잘 기록한단다. 아무리 좋은 일도 뭔가 재미가 있어야 지속해서 할 수 있다. 아이에게 재미를 찾아주고 실행력을 높여 주는 것이 부모의 역할이다.

용돈 기입장을 잘 작성하는 습관만 만들어도 용돈 교육은 성공한 것이라 생각한다.

자식과 이별하자

〈용돈 기입장 예시〉

날짜	들어온 돈		나간 돈				잔액	내용
	용돈	번 돈	저축	투자	기부	사용금		
7/1	10,000						10,000	부모님 용돈
7/3		5,000					15,000	할아버지 집 청소
7/5					1,000		14,000	불우이웃 돕기
7/6			5,000			1,000	8,000	은행 저축 및 군것질
7/7				5,000			3,000	주식 통장에 입금
7/31	10,000	5,000	5,000	5,000	1,000	1,000	3,000	잔액은 8월로 이월
12/31	10,000	5,000	5,000	5,000	1,000	1,000	3,000	잔액은 내년으로 이월

용돈은 주어야 할 때가 있고 주지 말아야 할 때가 있다

용돈을 주지 말아야 할 때

첫째, 아이가 일상 생활하는 데 있어서 꼭 해야 하는 것들, 즉 침구를 정리하고 방 청소를 하는 것, 책상이나 가방을 정리하는 등 스스로 꼭 해야 하는 일에 용돈을 주는 것은 옳지 않다.

둘째, 아이의 학교 성적을 올리기 위해 돈으로 인센티브를 제공하는 습관이 들면, 아이가 성인이 되어서 자기 발전이나 성공을 위하여 스스로 공부를 할 수 있을지 염려된다.

셋째, 부모의 입장에서는 아이를 교육할 때 부모의 말을 잘 안 듣거나 잘못하는 행동을 할 때 용돈으로 해결하고 싶은 마음이 들 수도 있다. 그러나 용돈과 자녀의 교육을 연관시키면 당장은 해결하기 쉬울지 몰라도 아이의 인성이 나빠질 수 있다. 성인이 되어서도 모든 것을 돈으로 해결하려는 습관이 들 것이다.

넷째, 가족 모두가 한 달에 한두 번 하는 대청소를 한다든지 할 때는, 아이들도 가족 구성원으로서 대가 없이 집안일을 돕도록 해야 한다. 가족이 서로를 위하고 모두 함께 힘을 합해서 하는 집안일에 대가를 지불하면 봉사하는 마음은 없어지고 급기야 돈 없이는 움직이지 않는 아이로 성장할지도 모른다.

용돈을 주어야 할 때

첫째, 아이들이 대가를 받을 수 있는 일은 아이들이 꼭 해야 하는 의무가 아닌 일들이다. 아이가 안 한다고 해서 부모가 강요할 수 있는 일이 아닌 것이다. 부모의 구두를 닦아 주는 일, 차를 청소하는 일, 많은 양의 설거지를 하거나 특별한 심부름을 하는 일, 옆집 일을 도와주는 일 등이다. 또한, 부모의 일을 도와주면 용돈을 주겠다고 사전에 약속한 일이다.

필자 손주들의 경우에는, 할머니가 운영하는 가게에서 4층까지 계단 청소하는 것은 5,000원, 점포 바닥을 빗질하고 걸레로 닦아 주는 것은 3,000원씩 수고비를 준다. 그 외에도 점포의 유리창을 닦거나 차고를 청소할 때도 3,000원의 수고비를 준다.

둘째, 손주들에게 용돈을 주기 위한 일을 시킬 때는 대충 적당히 하지 못하도록 한다. 조부모 입장에서야 청소 흉내만 내어도 용돈을 주고 싶지만, 그러면 아이들이 대충 적당히 하는 습관이 들것 같아서, 정성껏 하도록 가르쳤다. 아이한테 심한 것 같지만, 어릴 때부터 대충 적당히 건성으로 하는 습관이 들면, 나중에 사회생활이 힘들어질 수도 있다.

용돈 교육을 해 보면 돈보다는 칭찬이 필요한 경우가 많다. 아이가 집안일을 도와주면 추상적인 칭찬보다 객관적이고 구체적인 칭찬을 해 주어야 한다.

"○○야. 오늘 네가 거실 청소를 깨끗이 해 주어서 고맙다." 또는 "○○야. 설거지를 아주 잘했구나!", 혹은 "아픈 엄마를 도와주어서 고맙다."는 식의 칭찬이다. 아이에게 있어서 이것은 가족에게 내가 필요하다는 것과, 나의 도움을 좋아한다는 것에 대한 만족감을 심어 주고 스스로 해낼 수 있다는 성취감이나 협동정신 함양에 도움이 될 것이다.

※ 흙수저가 용돈 기입장으로 시작한 아파트 마련

　서울에 사는 필자의 큰딸은 작년에 나이 40이 넘어서 이제야 겨우 전세를 끼고, 아파트를 하나 마련했다고 한다. 양가의 도움을 받을 형편이 아닌 흙수저 출신이니 스스로 종잣돈을 마련해야 했는데, 딸의 이야기로는 어릴 때 아빠에게 용돈 사용과 기입을 하는 부분에 관하여 배우고 평생 습관화한 것이 큰 도움이 되었다고 한다.

　약 30여 년 전의 이야기지만, 그때는 '아이들에 대한 경제 교육'과 같은 말도 별로 없을 때였고 아이들에게 용돈을 주기도 쉽지 않은 경제 상태였다. 하지만, 큰딸에게 작은 용돈이라도 주고 경제 교육이랍시고 교육을 했다. 필자도 경제 교육에 대한 확실한 개념이 없을 때였다.

　단지 용돈을 조금 주고 용돈을 사용하면 기입장에 기록하라고 하는 정도였는데, 큰딸은 중·고등학교에 진학해서도 용돈 기입장 작성을 계속해왔고, 대학은 아예 부모와 떨어져 있으니 스스로 용돈 관리를 하면서 돈 관리에 대한 기본 원칙을 세웠다고 한다. 자연스레 근검절약이 몸에 배게 된 것이다. 큰딸이 꼭 지키는 원칙으로는 다음과 같은 것이 있다.

　첫째, 빚을 지지 않는다. 마이너스 통장을 사용하지 않는다. 신용카드를 사용하지 않고 체크카드로 사용한다.
　둘째, 분수에 맞지 않는 소비는 하지 않는다.
　셋째, 무엇을 사기 전에 그것이 정말로 필요한가를 두 번 이상 생각하고 산다.
　넷째, 꼭 사고 싶은 것이 있지만, 당장 필요한 생필품이 아니라면 주기를 정해 절약하고 저축해서 산다.

자식과 이별하자

다섯째, 경조사비도 매월 일정하게 별도로 저축하여 대비한다.

여섯째, 본인과 아이들 핸드폰은 항상 중고 핸드폰을 사용하여 헛된 소비를 하지 않는다.

일곱째, 네 식구가 식비로 매주 정해진 예산을 벗어나지 않고, 예산을 맞추기 위한 소비 계획을 실천하는 것이다. 가령 예를 든다면 토요일마다 대형 마트 오픈 시간에 맞춰서 할인 제품을 구매한다거나 혹은 저녁 시간대 타임 세일에 맞춰서 발 빠르게 움직이는 것이다.

이렇게 계획적으로 생활하니 외벌이임에도 저축하며 아파트를 마련하게 되는 것 같다. 다행히 남편이 같이 호응하고 절약하는 생활에 동참해 주니 가능하다고 한다. 넉넉하지 않은 형편에도 양가 경조사를 빠짐없이 다 챙기는 것을 보면 참 대단하다는 생각이 든다.

양가 부모에게 도움을 받을 만한 형편은 아니지만, 또 다행히 도와주지 않아도 되는 경우라서 그나마 저축하고 살 수 있었다고 한다. 이렇게 살아가는 경제 원칙을 지니게 된 것도, 아버지가 어릴 때부터 용돈 기입장 기록을 시켜서 시작된 것이라고 말한다. 어릴 때부터 용돈 사용법을 익히는 것은 기나긴 인생을 살아가는 데 정말 필요하다고 생각한다.

금수저로 태어나지 못했음을 원망하는 것보다, 오히려 현실적으로 살아갈 수 있는 삶의 기술을 터득하고 열심히 살아가는 것이 고맙다.

5. 『베니스의 상인』에 관한 기억

신용은 생명과 같다

어릴 때 『베니스의 상인』을 읽고 빚에 대한 두려움이 생겼다. 이는 어른이 되어서도 나의 뇌리에 남아 빚을 진다는 것에 대해서 항상 두려움을 느끼며 살아왔다. 현대 사회에서는 레버리지[1]를 잘 사용해야 부자가 될 수 있다는데, 지나온 날에 대해 가끔은 후회가 되기도 하나 지금은 갚아야 할 빚이 없다는 것에 안도하며 살아간다.

우리가 살아가면서 주변을 보면 성인이 되어서도 돈에 대한 개념이 없는 사람이 많다. 돈에 대한 기본이 명확하지 않고 함부로 낭비하게 되니, 항상 돈이 부족하고 빚을 내어 살아가게 된다.

필자에게는 먼 친척 아주머니 한 분이 계신데 이분의 남편도 그런대로 돈을 버는 분인데 어찌 된 일인지 항상 남에게 돈을 빌리러 다닌다. 그런데 문제는 돈을 빌리면 잘 갚지 않는다는 것이다. 빌릴 때는 온갖 사정을 다 하고 일단 빌리면 "내일 줄게.", "모레

---

1 자산 투자로부터의 수익 증대를 위해 차입 자본(부채)을 끌어다가 자산 매입에 나서는 투자 전략을 총칭하는 말.

　　　　　　　　　　　　자식과 이별하자

줄게." 또는 "떼어먹지 않을게." 말만 하면서 정작 갚을 줄 모른다. 아는 사람은 일체 돈거래를 끊었다고 한다. 젊은 사람 중에서도 그런 사람들이 허다하다고 한다. 앞으로 머나먼 삶을 어떻게 살아갈지 염려가 된다. 돈에 대한 개념과 신용 의식이 아예 없는 사람이다.

더구나 본인의 신용이 없으니 금융권의 돈도 빌려 쓸 수 없고 지인이나 남의 돈을 빌리려고 온갖 거짓말을 다 하는 사람들이다. 그런 사람들을 보며 어째서 저런 삶을 살아갈까 하는 많은 의문점을 가지고 무엇이 문제인지 알아보았다.

첫째는 부모부터 돈에 대한 개념이 없이 살아온 경우인데, 그 자식 또한 그런 부모의 삶을 보고 학습하여 자기도 모르게 답습하며 사는 경우이다. 친척 아주머니 딸도 돈을 함부로 낭비하는데, 특히 본인이 갖고 싶은 것이 있으면 꼭 사야 하고 홈쇼핑에서도 많은 물건을 구매한다고 한다. 수입은 한정되어 있고 빚만 늘어나고 있으니, 급한 대로 남의 돈이나 카드로 돌려막기를 하고 있다.

둘째는 자식을 어릴 때부터 응석받이로 키운 나머지 돈에 대한 가치나 귀중함이 아예 없는 경우다. 부모한테 돈 달라고 요구만 하면 되니까, 부모가 있을 때는 그런대로 살아갈 수 있지만, 부모가 죽거나 경제 능력이 없어지면 결국 남한테 돈을 빌리는 방법밖에 없는 것이다. 원인은 부모의 삶이 본보기가 된 것도 있지만, 자식에 대한 경제 교육 자체가 전혀 없었던 데 있다.

현재 젊은 사람들도 그런 경우가 많은 것 같다. 일단 나중에 어떻게 되더라도 돈부터 빌리고 보자는 식으로 말이다. 아이가 이런 사람으로 성장하지 않도록, 돈을 꾸지 않는 삶을 사는 것이 좋지만, 만일 꾸게 되면 반드시 약속한 날짜에 갚아야 한다고 교육해야 한다.

셋째는 아이들도 용돈을 모으다가 저축액을 벗어나는 쓰임이 있을 수 있는데, 원칙적으로는 범위 내에서 사용해야 하겠지만, 합리적인 이유라면 부모가 빌려주면서 부채에 대한 개념과 이자라는 개념을 가르쳐야 한다. 필자의 11살 난 손주도 본인이 모은 돈은 5만 원인데 10만 원짜리 조립 장난감이 꼭 필요해서 사고 싶다고 하더란다.

그래도 부모에게 무조건 사달라고 떼를 쓰는 것도 아니고 자기가 아르바이트도 하고 용돈을 아껴 갚겠노라고 약속해서 사 주었단다. 그 후에 두 달 만에 약속을 잘 지켜서 칭찬해 주었다고 한다. 빚을 지는 것은 안 좋은 일이지만, 약속을 정확하게 지키는 일은 더 중요하다고 말해 주었다.

넷째, 성공한 사람은 빚을 지지 않거나 설사 빚을 져도 빚부터 갚기 위해 용돈 사용 등 스스로 지출을 줄이고 빚을 갚기 위해 노력을 했다고 가르친다.

자식과 이별하자

다섯째, **아이에게 돈을 꾸어 줄 때는 반드시 이자를 받아야 한다.** 아이가 돈을 필요로 할 때는 아이에게 남의 돈을 빌리게 되면 반드시 그 돈의 값어치를 주어야 하며, 이자는 아이와 상의해서 사회에서 통용되는 사채 이자 정도를 받는 것이 좋다. 아이들이 부모의 돈을 빌려도 공짜로 빌릴 수 없고, 반드시 그 대가를 치러야 한다는 것을 가르치는 것이다. 좀 냉정한 것 같지만 록펠러도 자식에게 돈을 빌려줄 때는 꼭 이자를 받았다고 한다. 이를 통해서 우리는 이자를 받는 이유를 충분히 알 수 있다.

여섯째, 꾸어준 돈을 회수하는 방법이다. 정기적으로 지급하는 용돈에서 일정 금액을 분할해서 미리 차감하고 주거나, 원금과 이자 금액이 얼마인지 알려 주고 매월 갚도록 하는 것이다. 결국 돈을 빌리는 것에 대한 무서움과 남의 것을 빌리는 데 대한 책임과 의무를 가르치는 것이다. 이 부분도 사전에 아이와 의논해서 상환 방법을 정하고 돈을 빌려주는 것이 좋겠다.

6. 돈으로 키우지 말고,
억지는 절대 들어 주지 마라

　어떤 부모들은 아이를 키울 때 아이에 대한 모든 것을 오로지 돈으로만 키우려고 하는 부모들이 있다. 부모가 아이들에게 정서적으로 충분히 못 해 주는 부분에 대하여 돈으로 보상하려는 심리인 것이다. 돈으로 아이를 키우게 되면 그것이 습관으로 되어 돌이킬 수 없는 무서운 일이 벌어질 수 있다. 부모의 생각 없는 행동이 오랫동안 지속되면서 습관이 되고 아이와 본인의 삶이 망가지는 것이다.

　아이가 어릴 때부터 원하는 대로 다 해 주면 나중에 어떻게 될까?

　부모가 모든 것을 돈으로 다 해결해 주는 습성을 만들면, 그 아이는 성인이 되어서도 이 세상의 모든 것을 본인의 뜻대로만 하려고 한다. 남의 사정은 아랑곳하지 않게 된다. 마음대로 안 되면 앞뒤 생각 없이 울분을 표출한다. 남과 같이 어울려 이 세상을 살아갈 수 없는 성격이 형성되는 것이다. 아이의 인성이 다 망가지게 되는 것이다.

　부모는 아이가 어릴 때부터 안 되는 것을 아이의 떼나 억지에 못 이겨 한두 번 들어 주게 되면, 그때부터 부모의 불행은 그 씨앗을 잉태하게 되고 아이가 커 갈수록 현실화되며, 아이가 성인이 되면 부모는 죽을 때까지 고통과 불행 속에서 살아가게 된다. 나는 그런 현상을 많이 보아 왔다. 아이가 무작정 부리는 억지는 초기부터 냉정하게 못 하도록 해야 한다.

내가 잘 아는 어떤 분은 자식이 아들 하나라고 어릴 때부터 아낌없이 돈을 주고 원하는 것은 다 사 주고 귀하게 키웠는데, 아이는 나이 40이 되어서도 스스로 돈을 벌어서 생활하려고 하지 않고 돈이 필요하면 부모에게 행패를 부리면서 돈을 달라고 해서 큰 걱정을 하고 산다. 이제야 자식을 어릴 때부터 잘못 키운 것을 뼈저리게 후회하지만, 이제는 되돌릴 수가 없다. 세 살 버릇이 여든까지 간다는 말을 절실히 느낀다고 하소연한다.

자기에게 모든 것을 다 해 준 부모를 은행의 ATM 기계 정도로 생각하고, 부모가 늙고 경제력도 없는데도 돈을 요구하면 어떻게 해서라도 마련해 주어야 한다고 생각하는 것이 정말 안타깝다.

여기서 우리가 생각해야 할 것은 자식 교육에서 돈으로 모든 것을 해결하려고 하는 생각은 갖지 않아야 한다는 것이다. 부모가 바빠 자식과 함께 시간을 못 가진다고 해서 안타까운 마음으로 보상 심리에서 돈으로라도 아이에게 풍족하게 해 주려는 부모들의 마음을 이해하지 못하는 것은 아니나, 돈에 관한 부분만큼은 절대 소홀히 해서는 안 된다.

차라리 부모가 아이와 돈의 기로에서 어느 한쪽을 선택해야 한다면, 아이 교육이라는 부분을 선택하는 데 망설임이 없어야 할 것이다. 돈으로 인한 잘못된 교육은 훗날 아이의 인성과도 직결되는 부분이므로 신중을 기해야 할 것이다.

갑부들의 경우를 봐도 그렇다. 자녀들의 교육에 귀감이 되는 경우도 있고 반대로 아이들의 잘못된 교육과 인성으로 패가망신하는 경우를 보고 있지 않은가? 아이들 교육에 실패한 부자는 반드시 그 대가를 치르게 되고, 그 부를 오래 유지할 수 없음을 알아야 한다.

자식과 이별하자

7. 스스로 벌어 봐야
돈의 소중함을 알게 된다

어릴 때 고생은 사서도 한다

부모가 아무리 돈이 많아도 자녀 스스로 돈을 벌어서 쓸 수 있도록 가르쳐야 한다. 스스로 고생해서 돈을 벌어 보아야 돈 귀한 줄 알고 돈을 소중히 한다. 그리고 이것이야말로 자녀가 스스로 자립할 수 있는 첫걸음이다.

필자 주변의 많은 분이 자식을 귀하게 키웠지만, 성인이 되어서는 스스로 돈 벌 능력도 없고 돈 관리도 못 했으니 부모 재산을 다 날리고 궁핍하게 살아가는 경우가 많다. 어릴 때 호강하고 살면 나이 먹어서 고생하는 것은 인간 사회의 이치인 것 같다.

평생 호의호식하면서 사는 경우는 극히 드물다.

단, 어렸을 때부터 부모의 교육과 훈련을 잘 받고 자라면 경주의 최 부자처럼 대대로 부를 유지할 수 있겠지만 말이다.

아이들이 돈에 관하여 **그 가치를 가장 빨리 깨닫게 되는 방법은 본인이 직접 돈을 벌어 보는 것이다.**

필자는 아이 셋을 키우면서 아이들이 스스로 돈을 벌 기회를 만들어 주지 못한 것에 대하여 지금 생각해도 아쉬운 마음이 든다.

현재는 각자 가정을 꾸리고 잘살아 가고 있지만, "어릴 때 고생은 사서도 한다."라는 말이 있듯이 강한 트레이닝을 시켰어야 했다는 것이 옳다는 생각이다.

당시에는 아이들에게 아르바이트를 시키는 것은 부모로서 능력 없는 사람이 자식을 고생시키는 것으로 생각한 것 같다. 특히 아들 같은 경우에는 '대학에 다닐 때 아르바이트 등으로 스스로 돈을 벌어 보는 경험을 꼭 하게 해 주어야 했는데…' 하는 후회가 남는다.

부모가 용돈으로만 아이를 키웠고, 아이 스스로 돈을 벌게 한다는 생각을 나 스스로도 하지 못했던 것이다. 요즘도 자주 느끼는 것이지만, **부모의 생각만큼 자녀가 성장하고 발전하는 것 같다.** 물론 예외적인 경우도 있기는 하겠지만 말이다.

그 당시에는 요즘처럼 아르바이트 자리가 많지는 않았지만, 하려고 했으면 구할 수 있었을 것이다. 어차피 대학에서 학문적인 공부로 승부를 걸 수 있는 정도가 아니라면, 다양한 사회생활과 돈벌이 경험을 해 보는 것이 본인의 인생 전반에 큰 도움이 되었을 것이라는 생각이 많이 든다.

공부도 중요하지만, 자식들이 스스로 돈을 벌어서 가족들에게 선물이나 도움을 줄 수 있는 기쁨의 기회도 제공해 주어야 한다. 그래야 돈을 벌고자 하는 욕망도 가지게 되고 자기 성취감도 가질 수 있다.

세계적인 재벌들은 어릴 때부터 부모에게 경제 교육을 철저하게 받아서 성공한 경우도 많고, 또 본인 스스로 어렸을 때부터 장사

자식과 이별하자

하는 데 소질을 보인 경우도 많았다. **핵심은 본인 스스로 돈을 벌어 보는 경험**이 제일 중요하다는 것이다.

워런 버핏의 장사 경험

워런 버핏의 어린 시절 사업 수완을 보면 그가 태어날 때부터 사업가의 DNA를 타고났음을 알 수 있다.

호숫가에서 콜라를 팔던 아이는 훗날 콜라 회사의 대주주가 된다. 그 아이는 바로 전 세계 투자자들의 롤 모델이자 '오마하의 현인'이라 불리는 워런 버핏이다.

그는 콜라를 좋아한다. 하루에도 350㎖ 용량의 코카콜라 캔을 5개 이상은 마실 정도라는데, 그게 다 이유가 있다.

코카콜라로 번 최초의 수익 5센트!

버핏이 코가 콜라와 인연을 맺은 건 그가 6살 때였다. 할아버지의 식료품 가게인 버핏 앤드 선에서 놀던 그는, 할아버지에게서 코카콜라를 도매가로 받아 호숫가를 돌며 직접 팔았다고 한다.

코카콜라 한 팩(6병)을 25센트에 구입한 뒤 한 병에 5센트씩 받고 되팔아 30센트의 매출을 올리며 20%의 수익률을 낸 것이다. 그는 어떤 음료수가 많이 팔리는지 알기 위해서 자판기 옆 휴지통을 살피거나 카페와 식당을 돌아다니며 병뚜껑을 모으기도 했다고 하니, 어린 시절부터 시장을 살펴보는 감각이 있었다.

그 후 미국의 블랙 먼데이²를 통해 버핏은 당시 싸게 거래되던 주식을 사서 30년간 단 한 주도 팔지 않았다.

세계에서 가장 현명한 투자자이며, 세계 4위의 부자인 워런 버핏은 공화당 하원의원을 지낸 하워드 호만 버핏의 아들로 태어났고, 어렸을 때부터 용돈을 스스로 벌어서 쓰자는 생각을 가졌다. 그는 6살 때부터 껌과 콜라를 팔았고 좀 커서는 식료품 점원을 하고 식당 버스 보이를 하는 등 돈을 모아 11살 때부터 주식 투자를 하였으며 15살 때 오마하 북부의 농지 49,000평을 샀다.

17살 때 핀볼 대여 사업을 시작했고, 10대 후반에는 이미 자기 학교 교사들보다 많은 월수입을 기록했다고 한다. 이 내용만 보면 그가 후회 없는 삶을 살아온 사람처럼 생각할 수도 있지만, 그 나름대로 후회하는 점도 있다고 한다. 그중 하나는 주식을 11살 때부터 시작한 것이라고 한다. 다시 태어날 수 있다면 5살이나 7살 때부터 시작했어야 한다고 후회하는 그다. 그가 후회하는 점을 보면 그는 한정된 시간의 중요성을 누구보다 정확히 알고 있는 것 같다. 버핏은 10살 때 오마하 공공 도서관에서 제목에 재무학이 들어간 책은 모두 읽었고, 어떤 책들은 두 번 읽었다. 책을 너무 많이 읽어서인지 버핏은 어려서부터 안경을 써야 했다고 한다.

버핏은 13세가 되자 가족, 친구들에게 선언했다. "30세에 백만장자가 될 것이다. 그러지 않으면 오마하의 가장 높은 빌딩에서

---

2 1987년 10월 19일 월요일에 뉴욕 증권 시장에서 일어났던 주가 대폭락 사건을 이르는 말.

뛰어내릴 것이다." 그는 정확히 1961년에 백만장자가 됐다. 만 나이로 정확히 30세 때의 일이었다. 어린 시절, 자신은 미래에 부자가 되리라고 생각했고, 단 1분도 거짓이라고 의심해 본 적이 없다고 한다. 사람들에게 조언하기를, "당신보다 뛰어난 사람들을 만나라. 당신보다 뛰어난 사람들과 어울리다 보면 당신도 더 뛰어나게 되어 있을 것이다."라는 말을 남겼다.

세계적인 재벌들의 성공 과정에서 우리가 알 수 있는 것은 전 세계적으로 성공한 큰 부자들은 부모에게 물려받는 것보다는 어릴 때부터 스스로 아르바이트나 영업 장사 운영 등으로 이재(理財)의 감각을 키우는 등, 스스로 부의 기초를 쌓아 나간 경우가 많았다는 것이다.

창업 장소도 오두막, 창고, 차고, 거실 등이었다. 스스로 돈을 벌 수 있는 능력을 우리 자녀들이 자연스럽게 익히도록 해 보자.

돈 버는 경험을 부모와 함께 체험한다

앞에서 기술한 대로 필자는 자녀들에게는 못했지만, 손주들에게 스스로 돈 버는 체험을 꼭 하게 하고 싶어서 그 첫걸음으로 그냥 용돈을 주는 것은 지양하고 집의 청소 구역을 난이도별로 정하여 아르바이트 금액을 정해 놓았다. 손주들은 집에 오면 아르바이트하면 안 되느냐고 물어보고 허락을 받으면 일을 시작한다.

또 할머니가 운영하는 가게 안에서 커피를 마실 수 있도록 준비해 놓고 홍보 문구도 작성하여 붙여 놓았는데, 손님이 커피를 마시면 자율적으로 500원이나 1,000원을 넣어 놓으니, 그것도 자그마한 수입이 된다고 한다. 또 할머니 가게의 상품 디스플레이 등에 관한 운영 조언도 한다고 한다. 공부는 하기 싫어 하지만, 장사하는 것은 어릴 때부터 소질과 능력을 보이니, 손주가 장사로 성공할 수 있을 것 같다는 생각이 든다.

아이가 어릴 때부터 돈을 알면 안 된다는 말이 있다. 즉, 아이가 어릴 때부터 돈을 밝히면 못 쓰게 된다는 말이 있었는데, 요즘 세상은 어릴 때부터 경제 관념이나 돈을 모르면 이 세상을 살아갈 수가 없을 것 같다.

돈에 대한 개념과 돈의 흐름을 알고 어릴 때부터 스스로 돈을 번다는 것, 돈을 저축하고 투자한다는 것을 빨리 알면 알수록 어려운 세상을 살아가는 데 큰 도움이 될 것이다. 아이들이 돈을 버는 방법이나 여건은 가정마다 다 다를 것이다. 여건에 맞게 실행해 볼 필요가 있다는 생각이다.

① 집에서 입지 않는 옷, 책이나 장난감을 벼룩시장에 가지고 가서 아이가 직접 파는 경험을 하게 한다

② 여러 중고 온라인 마켓에서 물건을 판매하는 경험을 가져 보는데, 이때 판매할 상품은 부모가 사전에 아이와 대화를 통해 선정한다.

③ 만일 집안에서 사업을 하거나 편의점 등의 점포를 운영한다

자식과 이별하자

면 아이에게 적합한 일을 만들어 아르바이트를 하게 한다.

④ 부모가 해야 할 컴퓨터 작업이나 정리를 아이가 할 수 있을 때 아이한테 일을 맡겨준다.

⑤ 부모가 식당을 운영한다면, 보통 부모들은 아이에게 식당에 오지 말라고 할 것이다. 반면에 나는 내가 식당을 운영한다면 아이보고 식당에 와서 일정 시간 동안 아르바이트를 하라고 할 것이다. 손님을 대하고 직접 땀을 흘려 노동해 보는 것, 이것보다 더 생생한 삶의 경험이 어디 있겠는가.

※ 4살에 창업을 시작한 소녀 사업가의 사업 아이템은?

　대부분의 15세가 영화관에 가 있거나 비디오 게임을 하고 음악을 들을 동안 부지런히 자신의 브랜드를 일군 한 소녀가 있다. 미국 오스틴주에 거주하는 마이카일라 얼머(Mikaila Ulmer)는 무려 4세라는 어린 나이에 자신의 레몬에이드 브랜드를 런칭했는데, 어린아이로서의 시각에서 낸 비즈니스 아이디어가 특별하다.

"아이처럼 꿈꾸라"는 어린 사업가의 비즈니스 아이디어

　마이카일라는 '미 앤 더 비즈 레몬에이드(Me&the Bees Lemonade)'라는 음료 브랜드를 4살에 창업했는데, 가족의 격려가 바탕이 되었다.

　당시 어린이 및 청소년들을 위한 지역 창업 대회가 열렸는데 가족들이 어린 마이카일라에게 도전해 볼 것을 권유했다. 무슨 아이디어로 대회에 지원해 볼지 고민하던 중 그녀는 벌에 쏘였는데, 처음에는 무서웠던 벌에 대해 자세히 알아가면서 이에 매료되었다.

　그녀는 벌이 생태계에서 얼마나 중요한 역할을 하는지 알게 되고 이를 꼭 자신의 사업 아이디어에 접목시켜야겠다고 생각한 것이다.

꿀벌을 이용한 제품 통해 꿀벌 보호까지

　생태계에서 없어서는 안 될 꿀벌들을 위해 무언가를 해야겠다고 다짐한 마이카일라는 지역에서 재배한 꿀로 만든 레몬에이드를 판매해 수익의 일정 부분을 꿀벌 보호를 위한 국내외 단체에 기부하기로 마음먹었다. 그리고는 증조할머니가 만든 레시피를 이용해 브랜드를 대표할 레몬에이드 제품을 만들었다. 어린 나이였지만 마이카일라는 자신이 스스로의 보스가 되

자식과 이별하자

고 직접 돈을 버는 재미를 깨달으면서, 대회로 시작한 비즈니스 아이디어를 바탕으로 창업에 나섰다.

협업과 라인업 확대, 꾸준히 성장하고 있는 브랜드

2015년 마이카일라는 자신의 브랜드 레몬에이드 제품을 미국의 비즈니스 TV쇼 '샤크 탱크(Shark Tank)'에서 소개하고 $60,000불(약 7,146만 원) 투자를 이끌어낸다.

꾸준히 성장한 미 앤 더 비즈 레몬에이드는 현재 홀 푸드 등 미국 내 1,500여 개 매장에 입점해 있다. 올해 하반기에는 대형 식료품 업체와 새로운 파트너십을 발표할 예정이며, 제품 라인은 기존 레몬에이드에서 벌의 밀랍을 이용한 립밤 제품으로 확대했다.[3]

---

3   출처: 지식비타민.

8. 저축과 복리 효과는
돈을 불리는 데 최고

이 책의 1장에서는 우리 아이를 위한 성공적인 경제 교육 방법을 다루었다.

첫째, 아이들에게 용돈을 지급하여 돈을 사용하는 방법과 용돈을 관리하는 방법을 배우게 했다.

둘째, 아이들이 스스로 돈을 벌어 봐야 하는 이유와 돈을 버는 여러 가지 방법에 대하여 알아보았다.

셋째, 이 글에서는 노동으로 돈을 벌고 돈을 관리하는 것만으로는 큰돈을 만들 수 없으며 저축과 투자를 알아야 큰 부를 쌓을 수 있다는 이야기를 하고자 한다.

세계적인 재벌들은 거의 어릴 때부터 위의 흐름을 따라 부자가 된 경우가 많았다. 즉, 부의 확장 방법에 대하여 몸으로 체득하고 스스로 실행하면서 성장한 것이다. 특히 투자는 한 살이라도 어릴 때 시작하는 것이 중요하다고 생각한다. 복리의 마법 때문이다.

저축과 복리 효과에 대하여 가르쳐 주자

첫째, 저축은 적은 돈을 모아서 큰돈을 만드는 것이지만, 갑자기 돈이 필요한 급한 일이 발생했을 때나 가족 중 누군가가 아프거나 사고를 당하게 되면 병원을 가서 수술이나 치료를 받아야 하는데, 이때 저축해 놓은 돈이 없으면 치료를 받을 수 없다.

저축은 이처럼 예상치 못한 일에 대한 대비로서 필요하다는 것을 이해시키고 적은 돈을 꾸준히 모아 큰돈을 만들기 위해서라도 꼭 저축해야 한다는 것을 가르친다.

둘째, 저축은 아이들에게 미래의 희망을 갖게 한다. 스스로 소비를 줄이고 용돈을 모아 몇 년 후에는 갖고 싶은 로봇이나 컴퓨터 또는 고가의 과학 놀이 기구를 산다든지 하는 식으로 자기가 갖고 싶은 것을 위하여 순간의 소비를 억제하고 참고 견디며 돈을 모으는 인내력을 길러 주게 된다.

참을성 있게 저축을 지속하기 위해서는 몇 달 또는 1년 후에는 꿈을 이룰 수 있다고 이야기한다. 어른이나 아이들은 꿈이 있으면 참고 견딜 수 있는 인내력이 생긴다.

셋째, 아이들에게 복리 효과를 충분히 이해시켜야 한다. 복리 효과야말로 빠르게 돈을 모을 수 있는 최상의 방법이기 때문이다.

복리 효과에 대한 간단한 예를 들어 보자.

부자가 되기 위하여 반드시 알아야 할 복리 법칙에 대해서, 아인슈타인은 인류의 가장 위대한 발견 중 하나라고 하였다.

그럼 복리란 무엇일까?

우선 복리의 반대 개념인 단리는 원금에만 붙는 이자를 말하고 복리는 원금과 이자를 합친 금액에 대하여 붙는 이자를 말한다.

예를 들어 보면 다음과 같다. 1억 원을 10년간 연 5%의 이자를 받는 조건으로 정기 예금을 했을 때 매년 이자 500만 원(세금 무시)을 받아서 써 버렸다면 10년 후에는 1억 원의 원금과 마지막 해의 이자인 500만 원이 남는다. 즉, 합해서 수령 금액이 1억 5백만 원이다. 하지만 매년 받는 이자를 계속 재투자했으면 마지막에 받을 수 있는 금액은 1억 6,250만 원이 된다. 이것이 복리의 힘이다.

저축을 위한 합리적인 소비 습관

가진 돈을 모두 한꺼번에 써버리거나, 모두 저축하는 것은 올바른 방법이 아니다.

합리적으로 소비하는 방법을 가르쳐야 한다. 아이들이라면 먹고 싶고 갖고 싶은 것도 많지만, 갖고 싶은 걸 모두 다 산다면 정말로 돈이 필요할 때는 돈이 없어서 어려움이 닥칠 수도 있다는 것을 알려 주고, **소비를 할 때는 지혜롭고 현명하게 소비하는 방법을 가르쳐야 한다.**

먼저 물건을 살 때는 다음과 같은 사항을 유의하도록 가르친다.

첫째, 지금 사려고 하는 물건이 내게 꼭 필요한 것인지, 혹은 친

자식과 이별하자

구들을 따라서 사려고 하는 것은 아닌지 한 번 더 생각하도록 한다.

둘째, 이 물건의 성능이나 효능에 대하여 자세히 알고 있는지 물어봐야 한다.

셋째, 이 물건과 같은 물건을 더 싸게 살 수 있는 방법이나 그렇게 파는 곳은 없는지 인터넷으로 충분히 알아보도록 해야 한다.

저축할 때는 써야 할 돈과 쓰지 않아도 되는 돈을 잘 판단하고 저축을 해야 한다. 무조건 저축만 하는 것보다는 자신의 중요한 미래를 위하여 준비하는 공부나 취미에는 돈을 사용해야 한다고 가르쳐야 한다. 가정생활에서 합리적인 소비와 저축을 잘 가르쳐 놓으면 미래의 꿈과 희망을 만들어 가는 디딤돌이 될 것이다.

"돈은 얼마를 버느냐가 중요한 것이 아니고 얼마를 저축할 수 있느냐가 중요하다."

9. 투자는 미래의 큰 꿈을 이루게 해 준다

투자를 모르면 늙어 죽을 때까지 일해야 먹고살 수 있다

　자수성가한 부자들은 먼저 일을 열심히 해서 수입을 높여야 하지만, 월급만으로 부자가 되기는 매우 어렵고 모은 돈을 잘 운용해야 부자가 된다고 한다. 내가 잘 때도, 또 생업을 위해서 일할 때도 내가 투자한 자산은 누군가가 나를 위하여 24시간 내내 계속 돈을 벌어 주는 시스템을 만들어야 한다.

　예를 들어, 한국, 미국, 중국 세 나라 주식에 투자하면 한국에서는 밤이지만 미국은 낮이고 경제 활동 시간이니 돈을 벌게 되고, 미국의 밤 시간은 한국의 경제 활동 시간이니 또 역시 한국 회사에서 돈을 벌어 준다. 만일 아마존 같은 회사에 투자했다면 전 세계를 상대로 해서 24시간 돈을 벌게 될 것이다. 중국 회사 역시 수많은 중국인을 대상으로 돈을 계속 벌어다 준다. 투자의 이치가 그렇다는 것이다.

　특히 요즘 같은 제로 금리 시대와 고용이 불안정한 시대에는 부자가 아니더라도, 이자나 배당으로 기본 생활이 유지될 정도의 금융 자산을 소유하는 것이야말로 많은 월급쟁이의 꿈이다. 우리 부모들은 과거에 모르고 지나쳤거나 관심이 없었지만, 우리 자녀들은 어릴 때부터 금융 투자를 하여 장기간의 복리 효과를 이용

하면 아이가 대학에 갈 때나 성인이 되면 장기간 모은 재산이 본인의 인생에서 큰 밑천이 될 것이며, 부모가 자녀의 앞날에 대해서는 걱정하지 않아도 될 것이다. 결국 투자는 우리 미래의 발전과 성장을 위한 모든 것이라고 해도 과언이 아니다.

미래의 꿈과 희망을 이루는 투자

자본주의 사회에서는 경제적 능력별로 단계를 구분하면 총 4단계로 구분할 수 있다. 하루하루 일해서 먹고사는 월급쟁이나 일용직 근로자, 즉 자신의 몸으로 움직여야 먹고사는 사람들이 제일 많이 분포된 가장 아래 단계이며, 그 위 단계가 전문직 계층이다.

예를 들어, 의사, 변호사, 회계사 등은 전문적인 기술을 가지고 비교적 고소득을 누리고 사는 계층이지만, 이 역시 엄격하게 이야기하면 고급 노동자이다. 본인이 아프거나 일을 못 하게 되면 수입이 없어지는 것이다.

그 위로 세 번째 단계가 조직과 시스템을 가지고 운영하는 회사의 사장이다. 이 단계는 본인이 일정 기간 부재한 상태에서도, 시스템에 의하여 회사가 가동하고 돈을 계속 벌 수 있다.

자본주의 사회의 맨 위 단계는 투자자이다. 돈을 잘 버는 좋은 회사에 투자해 놓으면, 나를 위해 많은 사람이 돈을 벌어 주기 위해 24시간 내내 열심히 노력한다.

우리나라 최고 기업인 삼성전자도 주주 중 50% 이상이 외국인이다. 우리나라 최고의 인재들이 최상의 노력으로 열심히 돈을 벌면, 외국인 주주는 손끝 하나 까딱하지 않고 해마다 수조 원의 주주 배당금을 가지고 간다. 우리는 어릴 때부터 죽기 살기로 열심히 공부해서 최고의 기업에 취직해서는 남의 돈벌이를 위하여 혼신의 힘을 다한다. 우리도 자신이 일하는 그 회사의 주주이면서 열심히 일하는 것이 옳다는 생각이다.

자본주의 사회에서는 월급쟁이로서는 돈을 벌기가 쉽지 않다. 겨우 먹고살기야 하겠지만 말이다. "그럼 직장을 때려치우고 사업을 해야겠네."라고 말할 독자도 있겠지만, 성공하기가 쉽지 않은 사업에 꼭 본인이 직접 도전하지 않아도 된다.

단지 돈 잘 버는 회사의 주식을 사면 되는 것이다. 내가 그 회사의 주주가 되면 그 회사의 직원들은 나를 위해 열심히 일할 테니까 말이다. 주주인 나는 회사 직원들이 놀지 않고 실적을 잘 내는지 한 번씩 확인하고, 내가 소유한 회사의 상품을 팔아 주고 홍보해 주면 된다. 그러면 내 재산은 점점 불어나게 되는 것이 자본주의 생리다. 그리고 이것이 투자를 해야 하는 이유이다.

필자도 그렇게 하고 있다. 우리만 외국 투자자에게 배당금을 줄 것이 아니라 우리도 미국 기업이나 중국 기업에 투자해서 배당금을 받아오면 된다. 미국 기업 제품도 우리가 일상생활에서 쓰는 제품이 얼마나 많은가. 나스닥 100종목 중 상위 기업은 우리에게 익숙한 기업이 너무 많다. 여기서 필자가 강조하고 싶은 것은 시간의 힘이다.

자식과 이별하자

어릴 때부터 일단 한 주라도 사서 주주가 되어 보자는 것이다. 2~30년 동안 꾸준하게 투자하고 배당 재투자를 해 아이가 자라서 성인이 되었을 때는, 오랜 기간 동안 큰 자산이 만들어져 있을 것이다. 아이에게 불필요한 소비를 줄이고 계속 사 모으라고 하면 된다. 이 글을 읽는 독자는 오늘부터 증권 회사에 계좌를 개설하여 아이들에게 한 주씩이라도 사주길 권한다.

단, 반드시 지켜야 할 것은 한 번 사면 오래 보유하고 배당을 재투자하며 매매를 반복하면 안 된다는 것이다.

이처럼 우리는 **우리가 사랑하는 아이들의 먼 미래 발전과 경제적 자유를 위하여 좋은 주식을 사서 오랜 기간 보유하는 것이 필수라고 생각한다.**

필자의 손주 3명은 계좌를 만들어서 용돈이 생길 때마다 아이들이 성인이 될 때까지 지속해서 투자할 것이라고 한다. 이 글을 쓰는 동안에도 11살짜리 손주가 "할아버지, 삼성전자 주식에서 배당이 나왔어요."라고 자랑한다.

배당이 나오면 배당금도 재투자하고 있다. 특히 아이들의 생활과 밀접한 미국 주식인 디즈니와 애플, 마이크로소프트 주식도 사 모을 거라고 한다.

우리가 금융 자산을 소유하는 방법은 앞에서도 언급했지만, 저축과 투자이다. 저축이 비교적 중·단기간에 희망과 꿈을 이루는 것이라면 투자는 먼 미래를 향한 큰 꿈과 비전을 이루어 나가는 초석이 된다.

필자의 손녀는 10살인데 처음에는 국내 대학 여러 군데를 구경 다니다가 국내 A대학을 목표로 준비한다고 하더니 어떤 계기가 있어서 영국에 있는 케임브리지 대학으로 목표를 바꾸고 그 대학에 진학하겠다고 공부와 함께 저축과 주식 투자를 하고 있다.

물론 소액이지만 장기간 복리의 힘을 이용한다면 가능하지 않을까 생각한다. 성공적인 투자를 위해서는 부모도 투자의 복리 효과에 대하여 알아야 효과적인 지도가 가능하다. 투자 방법은 아이가 지속해서 관심을 가지고 투자할 수 있도록 케임브리지 펀드라고 명명하고 아이가 본인의 미래 펀드에 관심을 가지도록 하는 것이 지속력을 유지할 수 있는 비결 중 하나다.

금융 투자를 알아야 부의 큰 산을 쌓을 수 있다

필자가 세계여행을 다니면서 좋은 위치에 있는 가장 높은 건물에 대하여 알아보면 거의가 금융 회사다. 우리나라도 마찬가지지만 세계 경제의 흐름을 좌우하는 민족은 유대인이다. 그 거대한 자본으로 운영하는 비즈니스 모델은 여러 가지가 있겠지만, 전 세계 경제 흐름을 읽고 돈을 벌 수 있는 곳에 투자하여 큰 자본을 지속해서 축적해 나가고 있다.

우리나라 은행은 저축을 받아서 대출해 주고 예대 마진으로 운영하지만, 이제는 저금리 등으로 인해 단순 은행 업무로는 비전문가가 보아도 성장성이 없어 보인다. 세계적인 금융 투자 회사는

자식과 이별하자

원자재, 인프라, 환율 투자 등 돈을 벌 수 있는 곳에는 어디든지 투자하여 막대한 부를 쌓고 있다. 미국의 투자자 조지 소로스 같은 경우에는 투자자에게 투자받은 큰 자본으로 전 세계 어느 곳이나 이익을 볼 수 있는 곳이면 투자하여 이익을 내어 주주에게 돌려주는 비즈니스를 하고 있다.

이제 단순한 제조업이나 육체적인 노동으로 돈을 버는 시대는 끝났다. 우리 자손들은 금융에 대하여 많이 공부하고 전 세계를 상대로 금융과 투자를 활용하여 자본을 축적하는 법을 배워야 한다. 그 첫걸음이 바로 가정에서부터 부모에게 배우고 훈련받는 것이다. 그래야 우리나라에 미래가 있다고 생각한다. 나이가 많이 들어서 배우는 것보다는 최대한 어려서부터 배워야 감각이 훨씬 뛰어나고 습득이 빠르며 시행착오도 해 볼 수 있다. 유대인 자녀들이 아주 어려서부터 금융과 경제를 배우는 이유 중 하나라고 생각한다. 지나온 과거도 마찬가지지만, 미래는 더욱 변화와 파괴적인 혁신을 하지 않으면 살아남을 수 없는 세상이다.

우리 자녀들에게도 어려서부터 가정에서 경제와 금융 투자를 가르치고 훈련을 시키자. 그래야 우리 민족의 미래가 밝을 것이다. 큰 꿈을 이루기 위해서는 아주 작은 것부터 시작해야 한다.

우리의 자녀들도 글로벌 금융 시장에서 세계의 여러 전문가와 어깨를 나란히 할 수 있는 금융 전문가로 키워야 한다. 우리 부모가 앞장서고 많이 노력해야 한다.

투자는 간단하고 단순하게 하자

투자를 시작하게 되면 투자 종목을 선정하는 것도 쉬운 일이 아니지만, 우리는 전문가가 아니니 너무 어렵고 복잡하게 생각할 필요는 없다. 간단하고 단순하게 해야 한다. 한국이나 미국, 중국에서 시가 총액 1위 기업에 투자하는 것도 좋은 방법이 될 수 있고 배당을 많이 받기를 희망하면 각각의 나라에서 고배당 주식이나 고배당 ETF[4]에 투자하면 된다.

미국에는 50년에서 100년 동안 배당금을 증가시키는 기업도 많고 월 배당을 주는 기업이나 ETF도 있다. 본인이 기업을 분석할 수 있는 능력이 있으면 개별 기업에 투자해도 좋지만, 시간상의 제약이나 여러 제약이 있을 때는 그 나라의 대표 지수를 추종하는 ETF에 투자하는 것이 가장 좋다.

꼭 주의해야 할 점은 주식 투자에 너무 많은 시간을 사용하지 말고 단순, 간단하게 하고 본업인 생업에 열심히 최선을 다하는 것이 가장 중요하다.

투자 가능한 종목은 인터넷이나 유튜브 등에 많이 정리되어 있으니 종목 선정은 어려움이 없을 것으로 안다. 다만 부모가 투자에 관해 관심이 있는지가 제일 중요하다.

최대한 어린 나이에 시작해야 세계 8대 불가사의 중 하나인 복리

---

4 주식처럼 거래가 가능하고, 특정 주가 지수의 움직임에 따라 수익률이 결정되는 펀드.

자식과 이별하자

효과를 누릴 수 있는데, 처음 시작할 때는 부모의 도움이 필요하다. 손주들도 계좌를 만들고 1주씩 모아 가고 있는데 20년 후가 기대된다.

　과거 어떤 자료에서 주식 투자로 큰 성공을 거둔 한 분이 쓴 돈 버는 방법을 읽은 적이 있는데 단순하면서도 높은 수익률을 자랑하는 방법이었다. 이분은 대학교수를 역임하다가 은퇴했는데 자산이 수천억 원이 넘는다고 한다. 그분은 경제 분야는 문외한이었기에, 2000년 초에 여유 자금의 대부분을 삼성전자 주식을 매수하여 배당을 받으면서 여태까지 보유해 왔다고 한다.

　당시 자신은 경제 지식이 없어서 단순하게 접근하기로 하고 세운 원칙 중 하나가 우리나라에서 가장 좋은 주식 한 종목에만 투자하기로 했다고 한다. 제일 좋은 종목을 고르는 방법은 여러 가지가 있겠지만, 그가 선택한 방법은 시가 총액 1위 종목에 투자하는 것이었다. 경제가 성장하는 나라에서 시가 총액 1위 종목이면 분명 최고의 종목이라고 생각했다는 것이다. 아주 단순하고 간단한 방법이지만, 결과적으로는 탁월한 판단을 한 것이었다. 제레미 시겔의 "주식에 장기 투자하라."라는 말과 같이 투자 기간이 길어지면 수익률은 높아지고 리스크는 매우 줄어든다. 즉, 시간이 가장 강력한 무기이다.

투자금 마련 방식 - 번개 투자법과 2배 투자법

투자하는 데 있어서 중요한 것 중의 하나는 투자 자금을 마련하는 것이다. 자금을 마련하는 것은 여러 가지 방법이 있다. 아이의 용돈을 모아서 하거나 기념일에 어른들에게 받은 축하금으로도 할 수 있고, 본인이 조금씩 벌어서 하는 경우와 부모의 증여 자금도 있을 것이다. 중요한 것은 부모와 아이가 함께 미래를 만들어 가고자 하는 마음가짐이다.

번개 투자법

용돈 사용법에서의 예시처럼 부모가 주는 용돈 이외에 생일이나 세뱃돈, 친인척을 만나서 받는 용돈 등 예상외로 갑자기 발생한 수입은 전부 투자금으로 하자고 아이와 미리 약속한다. 아이와 미리 약속해놓지 않으면 아이의 소비 심리를 자극할 수 있다. 번개처럼 투자하는 것이다. 이 방법도 부모가 여유가 되면 부모의 도움으로 투자금을 배가할 수도 있다.

2배 투자법

아이가 스스로 힘들게 노력해서 번 돈은 매우 소중한 돈이다. 번 돈에 대해서는 부모가 그 금액만큼 배가하여 2배나 3배로 투자해 주는 것이다. 아이의 노력과 경험을 존중해 주는 의미에서 부모가 격려와 용기를 보태어 주는 것이 된다. 그러면 아이는 더 열심히 잘하려고 노력할 것이다.

자식과 이별하자

세 번째 방법은 부모가 자녀에게 합법적인 증여를 통해 투자해 주는 것인데, 이는 뒤에서 자세히 다루도록 하겠다.

　이 책에서도 여러 번 언급하겠지만, 아이 스스로 돈을 벌어서 보태는 방법이 가장 좋다. 어릴 때는 집에서 아르바이트하고 성장할수록 외부의 다양한 아르바이트를 경험하면서 돈을 벌 수 있을 것이다. 제일 좋은 것은 본인이 직접 벌어서 재테크 감각도 익히면서 투자 자금을 만드는 것이다.

10. 어릴 때부터 글로벌 주식 투자에 관심을 가지도록 해야 한다

앞에서도 여러 차례 주식 투자에 대하여 언급하였지만, 부모가 아이가 태어났을 때부터 합법적인 증여에 의하여 목돈으로 투자해 주고, 아이가 성장하면서 경제와 금융 교육을 통하여 지속해서 용돈을 절약하거나, 스스로 벌어서 주식 투자를 해나가는 것은 미래를 위하여 참 좋은 방법이다.

그런데 국내 주식에만 투자하는 것보다는 이제 우리의 삶은 글로벌화되어 실시간으로 전 세계의 흐름을 알 수 있고 모든 일상생활과 밀접하게 연계되어 있기에 전 세계의 주식 중에서도 특히 세계 제일의 경제 대국인 동시에 첨단 기술을 자랑하는 미국 주식과 성장 잠재력이 큰 중국, 인도, 베트남 주식에도 관심을 가져야 한다. 이 글에서는 미국 주식에 투자했을 때 여러 가지 좋은 점에 대하여 필자가 경험한 것 위주로 이야기하려고 한다.

미국 주식 투자의 장점

미국 주식은 우리 일상생활과 매우 밀접하고 쉽게 알 수 있는

자식과 이별하자

주식이 많다. 우리가 컴퓨터를 사용할 때마다 꼭 필요한 마이크로소프트, 남녀노소 다 좋아하는 디즈니 월드, 우리가 주변에서 흔히 볼 수 있는 스타벅스, 아마존, 유튜브, 구글 등 아이들도 잘 알고 관심이 있는 주식들이 많은데 아이들이 관심을 가지는 주식을 우선 한 주씩이라도 사 주고 그 회사가 어떻게 돈을 버는지 공부를 해 보라고 한다.

미국 주식을 사는 것은 미국 문화를 이해하는 데도 도움이 될 것이며 혹시 후에 유학을 하러 가도 도움이 될 것이다. 그리고 무엇보다 영어 공부를 하게 된다는 장점이 있다. 처음에는 구글 번역기를 사용하는 것도 하나의 방법이지만, 그 주식에 흥미를 느끼게 되면 영어 공부에 관심을 가지게 될 것이다.

아이의 적성에 맞는 주식을 사게 되면 그에 맞는 비즈니스를 해 볼 수 있다. 필자의 손주가 공부보다는 장사하는 것에 취미를 가지고 있다고 했다. 그래서 아이의 부모와 의논하여 미국의 유명 상거래 플랫폼인 쇼피파이(shop) 주식을 사 주고 그 주식의 비즈니스 모델을 알아보라고 했다.

쇼피파이는 팔 상품만 있으면 전 세계를 상대로 영업할 수 있는 플랫폼인데, 아마존에 맞설 수 있는 유일한 기업이라고 한다. 우리나라에서도 발 빠른 비즈니스맨들은 쇼피파이를 이용하여 영업 활동을 하는 것으로 알고 있다.

이 플랫폼을 이용하는 요금은 월 29달러라고 하니, 블로그를 만들 수준만 되면 적성에 맞는 어린이도 한번 도전해 볼 만하다. 쇼피파이 계좌를 개설하는 방법은 유튜브에 많이 나와 있다. 우리 아이들도 어릴 때부터 전 세계를 상대로 물건을 팔아보는 능력을 길러 보자. 누가 아는가? 세계적인 사업가가 될지. 꿈과 희망이 있으면, 자식들 앞날에는 무궁무진한 길이 있다. 현명한 부모는 그 가능성을 찾아서 열어 주어야 한다.

전 세계에서 가장 성장하고 발전할 수 있는 국가의 최고 기업의 주식을 일단 한 주라도 사 보게 하자. 세계를 보는 눈이 훨씬 더 밝아질 것이다. **우리 아이들을 좁은 세상에서만 살게 하지 말고 넓은 세상을 접할 수 있는 기회를 제공하자.** 우물 안의 개구리에서 탈피할 수 있도록 부모가 도와주어야 한다.

필자의 경우도 미국 주식에 투자하면서 세계 경제 흐름에 관심을 갖고 공부도 하게 되어 식견이 한층 더 넓어졌다. 전에 투자하지 않았을 때는 별 관심이 없었지만, 이제는 뉴스나 세계 흐름에 자연히 관심이 간다. 자신을 위한 큰 발전이다.

미국 주식에 투자를 시작한 지는 약 3년이 되었는데, 증권 회사에 미국 주식 거래가 가능하도록 계좌 등록을 하고 나서도 많이 망설였다. 미국 주식에 대한 막연한 두려움이 앞섰다. 미국 기업은 기업의 회계 과정이 매우 투명하고 기업 경영 상태 등에 대하여 믿을 수 있지만, 미지의 세계에 첫발을 내딛는 것이 참 어려웠다.

처음에는 고배당 ETF부터 시작했다. 월 배당이라서 매월 배당을 받았는데 통장에 매월 입금되는 배당금을 재투자하였다. 내가 한국에 앉아서 미국 기업들의 과실인 배당을 받다니 기분이 묘했

다. 무슨 일이든지 첫 시작이 어려워서 그렇지, 일단 시도하고 나
면 그다음은 아주 쉽다.

미국 기업을 개인적으로 분석하는 데는 언어 등 어려움이 있지
만, 유튜브 등 온라인으로 그 방법이 많이 알려져 있고, 우리가
익히 잘 알고 많이 이용하는 기업의 주식들과 자기의 투자금이나
여건에 맞게 선택할 수 있는 세계적인 ETF들이 많다. 일단 소액
으로라도 시도해 보는 것이 중요하다.

글로벌 주식 소액 투자법

아주 적은 돈으로도 미국 주식에 투자할 수 있는 방법이 있다.
미국 주식 가격도 천차만별이지만, 우리가 선호하는 첨단 기술주
나 성장주는 주가가 매우 비싸다. 그래서 좀 더 쉽게 접근하는 방
법은 비싼 주식을 포함한 ETF를 사는 것도 좋은 방법이다. 그러
나 그보다 어린이들이 아주 적은 소액인 1,000원만으로도 글로벌
우량 주식의 주주가 될 수 있는 방법이 나왔다. 현재는 금융 투자
회사 한 곳과 증권회사 한 곳에서 별도 환전 없이 1,000원 단위로
매수가 가능하다. 인터넷으로 검색해 보면 자세하게 그 방법을 알
수 있다. 아이들이 아주 좋아할 만한 투자 방법이 될 것이다.

11. 자선과 기부는
부를 유지하는 가장 좋은 방법이다

경제 교육과 인성 교육은 같이 해야 한다

손주 두 명과 시장을 가게 되었는데, 시장 거리에서 반신불수의 장애인이 엎드려 구걸하고 있었다. 한쪽에서 손주들에게 저 장애인이 구걸하는 것을 어떻게 생각하냐고 물으니 너무 불쌍하고 어려울 것 같다고 하길래, 아까 힘들게 아르바이트해서 번 돈을 저분에게 드리면 어떻겠냐고 물으니 흔쾌히 수긍했다. 돕고 나서 기분이 어떤지를 물어보니 비록 사고 싶은 물건은 못 샀지만, 기분이 너무 좋다고 했다.

내가 옆에서 보아도 스스로 뿌듯해하고 온종일 기분이 좋은 것 같았다. 필자는 내 손주들이 오로지 돈만 아는 수전노가 되는 걸 원하지 않는다. 경제 교육은 인성 교육과 같이 하지 않으면 오로지 돈을 모으는 것만이 삶의 목표가 될 수 있다.

자식과 이별하자

유대인의 기부와 자선

세계의 경제를 움직인다고 하는 유대인들에게서는 뛰어난 경제적 능력도 배울 것이 많지만, 유대인 아이들의 여러 교육 중 특히 기부와 사회 공헌에 관한 부분에도 관심을 가지는 것이 필요하다. 자선과 기부를 가훈으로 정하는 가정도 있으며, 경제 교육을 하면서 수입의 일정 부분을 기부하는 것을 원칙으로 한다고 한다. 돈을 벌어서 세상의 어려운 사람들을 위하여 도움을 주는 것이다. 또 다 같이 함께 잘살아 가자는 의미도 있다. 이런 교육이야말로 장기적으로 부를 유지할 수 있는 비결이라는 생각이 든다. 경주 최 부자집이 그 좋은 사례이다.

유대인들은 아이들에게 지식과 정보를 교육하기 전에 타인을 이해하고 타인을 배려하는 마음을 배우게 하는 것이 진정한 교육의 시작이라고 하며, 어렸을 때부터 불우한 사람을 위하여 자선을 하라고 가르치고 기부금을 모을 수 있는 통장이나 저금통을 만들어 준다.

기부와 자선은 자신의 삶을 풍족하고 의미 있게 사는 것이다. 어릴 때부터 100원을 기부하는 습관이 안 되어 있는 사람은 부자가 되어도 1억 원을 기부할 수 없다는 생각에서 어릴 때부터 최소 10분의 1 기부를 습관화하는 것이다.

경제 교육과 인성 교육은 하나다

아이들에게 어릴 때부터 금융 경제 교육을 하는 것은 돈을 모으는 것이 인생의 목표가 아니라 돈은 사람이 살아가는 데 필요한 수단일 뿐이며, 돈을 소중하게 잘 다뤄야 한다는 것을 알려 주기 위한 것이다. 그것이 핵심이다.

돈은 사람을 행복하게 하거나 불행하게도 하는 것이며, 어려운 사람을 도와주는 고귀한 돈이 될 수도 있음을 알아야 한다. 사람이 돈을 대하는 태도에 따라 그 사람의 성품도 알 수 있다.

우리가 아이들한테 오로지 돈을 버는 방법만 가르치고 소중하게 쓰는 방법을 가르치지 않으면, 아이는 성인이 되어서도 돈만 아는 수전노가 될 수 있고 사회의 지탄을 받을 수 있다.

그러나 열심히 벌어서 불쌍하고 어려운 사람을 위하여 자선과 기부를 베풀게 된다면, 사회를 위하여 기여한다는 생각에 자신의 자존감도 상승하고 충실하고 성실하게 살아가는 길을 스스로 터득하게 된다. 사랑하는 우리 아이들에게 일정 부분은 자선과 기부를 하도록 가르치자.

<u>내가 남을 조건 없이 도와주면 나도 언젠가는 남에게 조건 없는 도움을 받을 수 있음을 아이들에게 가르쳐 주어야 한다.</u>

주변의 불우이웃도 돌아보는 마음

돈을 열심히 벌어서 자선과 기부도 가르쳐야 하지만, 우리가 사는 주변 이웃 중에도 어렵게 사는 사람이 많다. 아이가 용돈 중에서 기부금 명목으로 모아놓은 돈과 부모의 보조금으로 불우 시설이나 가정에 직접 방문하는 것도 아이에게 우리 주변의 어려운 현실을 알게 하는 방법 중 하나이다.

그와는 또 다른 방법으로 아이가 봉사하는 교육을 할 수도 있다. 우리가 사는 지역의 봉사 센터에 가면 도시락 배달, 연탄 배달 등 여러 가지 봉사활동이 있는데, 한두 달에 한 번씩이라도 아버지가 아이들과 함께 일정 시간 봉사활동을 해 보는 것도 아이에게 정말 좋은 산 교육이 될 것이다.

※ 주는 행복

　33세에 백만장자가 된 '록펠러'는 43세에 미국 최대의 부자가 되었고, 53세에 세계 최대 갑부가 되었지만, 행복하지 않았다고 합니다.

　그는 55세에 불치병으로 1년 이상 살지 못한다는 사형 선고를 받았습니다.

　최후 검진을 위해 휠체어를 타고 갈 때, 병원 로비에 실린 액자의 글이 그의 눈에 들어왔습니다.

　"주는 것이 받는 것보다 더 복이 있다(It is more blessed to give than to receive)."

　그 글을 보는 순간 '록펠러'의 마음속에는 전율이 일어나고 눈물이 났습니다. 선한 기운이 온몸을 감싸는 가운데 그는 눈을 지그시 감고 생각에 잠겼습니다.

　조금 후 시끄러운 소리에 정신을 차리게 되었는데, 입원비 문제로 다투는 소리였습니다.

　병원 측은 병원비가 없으면 입원이 안 된다고 하고, 환자의 어머니는 제발 입원시켜 달라고 울면서 사정하고 있었습니다.

　'록펠러'는 곧 비서를 시켜서 병원비를 지불하고 누가 지불했는지 모르게 했습니다.

　얼마 후, 그가 은밀히 도운 소녀가 기적적으로 회복하자 그 모습을 조용히 지켜보던 '록펠러'는 얼마나 기뻤던지 나중에 자신의 자서전에서 그 순간을 이렇게 표현했습니다.

자식과 이별하자

"저는 살면서 이렇게 행복한 삶이 있는지 몰랐습니다. 그때 나는 나눔의 삶을 작정하게 되었고 그와 동시에 신기하게 나의 병도 사라졌습니다."

그 뒤 그는 98세까지 살며 선한 일에 힘썼습니다. 나중에 그는 이렇게 회고했습니다.

"인생 전반기 55년은 쫓기며 살았지만, 후반기 43년은 정말 행복하게 살았습니다. 여러분도 내가 무엇을 받으려고 하는 생각보다 무엇을 주려고 하는 생각을 먼저 하는 복된 삶이 되시길 바랍니다."

12. 재산 상속도
전략이 필요하다

앞의 글에서는 자식과 경제적인 이별을 하라고 했다. 그런데 또 이 글에서는 상속에 대하여 말하고 있다. 누군가는 앞뒤가 맞지 않는 말이 아니냐고 말할 수 있다. 그러나 앞뒤의 맥락을 보면 이해할 수 있을 것이다.

자식을 잘 가르치고 훈련을 시켜서 이별해야 하는 것은 맞다. 일단은 그렇게 해서 홀로 서게 만들자. 그래도 재산이 많은 부모는 사회에 기부하지 않는 이상은 자녀에게 물려줄 수밖에 없다. 그것이 현실이다. 그래서 상속을 하게 된다면 전략적으로 하라는 것이다.

우리나라 많은 부모의 관심사는 상속과 증여다. 또 자녀는 많은 돈을 물려받길 원한다. 그러나 일생 피땀 흘려 모은 돈을 그냥 자녀에게 고스란히 물려주는 어리석은 부모는 되지 말자는 것이다.

그럼 물려주지 말라는 것이냐? 아니다. 물려주어라. 단, 여건과 시기, 능력이 될 때 물려주어야 한다.

필자가 이 책을 쓰게 된 이유도 앞에서 여러 차례 기술했다. 자녀에게 많은 재산을 상속하였지만, 그 자녀가 물려받은 재산을 잘 유지·관리하는 경우는 아주 드물었다. 그냥 재산을 물려주게

자식과 이별하자

되면 얼마 못 가서 재산을 다 날리고, 피눈물 나는 쓰라림을 겪게 되는 것이다. 그런 사례를 너무 많이 봤다. 우리 한국 부모의 현실이다.

만약 자식에게 물려줄 재산이 없는 사람은 대신 자녀에게 이 책에서 이야기하는 경제 공부와 좋은 습관 및 강인한 생존 능력을 물려주면 된다. 요즘은 참신하고 새로운 아이디어만 있으면 당대에 세계 최고의 부자가 나오는 세상이다.

그래서 이 책에서 주장하는 것은 다음과 같다.

첫째, 자녀에게 경제 교육과 훈련을 시켜서 부모의 재산을 물려받아 잘 유지·관리할 수 있는 능력을 갖추어 주는 것이다.

둘째, 어느 정도 능력이 갖추어져 있다고 해도 재산의 전부를 상속이나 증여해 주는 것이 아니라 재산의 일부를 증여해 주어야 한다.

셋째, 그 관리 능력을 보아야 한다. 물론 번거로울 수도 있지만, 평생 모은 귀중한 재산을 한순간에 날리는 것보다는 훨씬 옳은 방법이다.

넷째, 가장 좋은 방법은 어릴 때부터 경제 교육과 실천 훈련을 잘 시켜서 경제나 돈에 대한 관리 능력이 만들어지도록 해야 하며, 동시에 여유가 되는 부모는 아이의 미래를 위하여 합법적인 방법으로 증여세 문제없이 나이에 따라 증여를 해나가는 것이다. 그리고 아이와 함께 그 재산을 관리해 보면서 아이의 능력을 검증하는 것이 좋다.

다섯째, 증여금의 운용은 투자를 해야 자금을 불려 나갈 수가 있다. 제로 금리 상태에서는 은행 예금은 적절하지 않다. 투자 방법으로는 주로 부동산 투자나 주식 투자가 있으나, 초기 증여 시에는 금액이 크지 않으므로 국내외 최고의 주식에 꾸준히 투자를 계속해 나간다는 마인드가 좋다.

사전 증여로 만들어진 자금으로 오랜 기간 복리 효과를 누리며 아이가 성인이 되었을 때는 그 자금이 아이의 미래 희망과 꿈을 위하여 아주 요긴한 자본금으로 사용될 것이다.

사전 증여와 좋은 투자 방법

사전 증여는 합법적인 방법으로 장기간에 걸쳐 조금씩 증여해 주는 방법으로써 한꺼번에 증여해 주는 데 따른 위험을 회피하고 세금을 최소화할 수 있는 방법이다. 또 증여한 재산 관리를 부모와의 의논하에 안전하게 운영하는 방법을 배울 수 있다.

① 사전 증여를 해 주어도 지금 같은 저금리 시대에는 마땅히 투자할 만한 곳을 찾기가 어렵다. 증여하는 적은 금액으로 부동산을 살 수도 없으며 향후 부동산 시장은 세금 등으로 어떻게 변화할지 알 수 없다.
대신에 연 5% 이상 성장할 수 있는 우량 주식을 장기간 투자

자식과 이별하자

한다면 배당과 복리 효과에 의하여 수익률이 타 투자 대상에 대비하여 높을 것 같다. 특히 미국이나 개발도상국의 성장성이 높은 우량 회사는 아이와 함께 계속 성장해 나간다고 예상 가능하다. 즉, 아이를 훗날 부자로 만들어줄 수 있을 것이다.

② 아이는 자라면서 자본주의에 대한 교육과 일상생활에서 구매하는 상품과 회사의 관계에 대한 이해와 관심을 가지게 된다.

③ **부모와 아이가 진지한 토론과 대화를 할 수 있는 공통 관심사가 만들어질 것이다. 아이들은 보통 커 갈수록 부모와의 대화를 기피하기 마련인데, 공통 관심사가 있어서 대화를 나눌 수 있다면 그것은 건전한 가족 관계의 틀을 만들어 가는 윤활유가 될 것이다.**

④ 부모와 함께 좋은 주식 선정을 위한 합리적 의사결정 방법을 배우며 절약하여 주식을 사 모으는 경제 교육 효과가 있다.

⑤ 산업과 기업, 경제 현상에 대하여 생각하며 아이가 미래에 나아갈 비전을 찾을 수도 있다.

⑥ 훗날 상속에 따른 세금보다 세재 혜택에 유리하다.

⑦ 돈에 대하여 생각하고 배우며 돈의 소중함과 관리 방법을 배워서 재산을 모으고 돈을 효과적으로 활용하는 방법에 대하여 배운다.

⑧ 아이의 성장 후 본인이 공부하고 꿈꾸어 오던 일에 과감히 도전할 수 있는 큰 밑천이 될 수 있다.

⑨ 전 세계의 유망한 최고 첨단 기업의 주식을 살 수 있고 기업

의 비즈니스 모델 등을 공부할 수 있으며 세계 최고 기술의 트렌드를 알 수 있는 글로벌한 사고를 가질 수 있다.

우리는 살아가면서 세계 최고 기업의 기술을 많이 사용하고 있으며, 생활필수품도 함께 구입하고 있다. 우리 생활에 밀접한 세계적인 기업의 비즈니스 모델을 보고 생각하는 과정에서 새로운 창의력을 얻게 될 수 있다.

아이가 세계 경제나 기술의 흐름 변화나 발전에 대하여 스스로 생각하고 미래에 대한 상상을 할 수 있으며 창의적인 아이디어를 얻을 수 있다. 전 세계 최고의 기업에 대한 주식 투자는 아이가 성장하는 과정에서 스스로 생각하고 발전하는 데 최고의 방법이 아닐까 한다.

증여 방법

세법상 세금을 내지 않는 가장 유리한 증여 방법은 다음과 같다. 출생 시 2천만 원 증여가 가능하고 10년이 지난 11살에 2천만 원을 증여할 수 있으며, 10년 후 21살이 되는 때 5천만 원 증여가 가능하다. 또한, 국세청 홈택스에서도 온라인으로 증여가 가능하다.

아이가 성장하여 어떤 일을 하게 될지 모르니 법을 지키면서 증여하고, 깨끗한 재산 증식에 부모가 앞장서고 세무서에 신고한 근

자식과 이별하자

거를 보관하는 지혜도 필요하다.

경제권은 생명권이다

자식에게 부모의 재산을 상속하는 것은 정말 신중을 기해야 한다. 나이를 먹을수록 돈은 생명이다. 돈이 없으면 한시라도 이 세상을 살아갈 수 없다는 것은 누구나 잘 알고 있다. 신문이나 방송에서 가끔 보도되지만, 필자가 잘 아는 지인은 나이가 70대 중반인데 아들의 상속 요구에 매월 생활비를 받기로 하고 효도 계약서를 작성한 후 전 재산을 상속해 주었지만, 자식이 상속받은 재산으로 사업을 하고 있는데 약속을 잘 안 지킨다고 걱정을 많이 한다.

재산을 받아 갈 때는 잘 모시겠노라고 수 없이 다짐해 놓고, 재산을 넘겨받고 나니 이런저런 변명을 하면서 안 준다고 한다. 아직 살날이 많이 남았는데 자식 때문에 스트레스를 엄청나게 많이 받는다. 재산을 다 날리기 전에 상속 재산 반환 청구 소송을 하라고 조언해 주었다.

재산을 넘겨주어도 부모가 먹고사는 데 충분한 돈을 남겨놓고 나머지만 넘겨주어야지, 자식의 온갖 감언이설에 속으면 안 된다. 늙어서는 돈이 자식보다 더 효자다. 위에서도 이야기했지만, 자식이 성인이 될 때까지 일정 부분은 증여해 주고, 그다음은 **자식보고 스스로 알아서 살라고 하고 이후에는 어떤 경우라도 도와줄**

수 없다고 못을 박고 경제적 이별을 선언해야 한다.

상속을 잘해야 가족이 화목해진다

필자가 아는 사람 중에 땅을 많이 가진 지주 몇 분이 있었는데, 운 좋게 개발 사업이 이루어지며 많은 보상금이 나왔다. 그동안 힘들게 살아왔던 것에 대한 큰 보상이자 행운이었다. 그런데 문제는 많은 돈이 나오면서 가족 간의 갈등이 시작되었다는 것이다. 서로 많은 보상을 차지하기 위하여 형제간에 소송도 이루어지고 심한 가정은 부자간에 소송도 하게 된다. 상속 때문에 온 집안 전체가 난장판이 되는 것 같았다.

반면에 어떤 집은 부모부터 중심을 잡고 형제와 자식들에게 공정하게 분배해 주니, 오히려 더 집안이 화목해지기도 했다. 우리 주변에도 상속으로 인해 많은 불화와 분란이 끊임없이 일어난다. 돈이 없을 때는 의좋고 사이좋은 가정이었지만, 돈 앞에는 인륜도, 천륜도 없어지는 것 같다.

이럴 때는 집안의 어른이 중심을 잡고 적절히 잘 분배해 주는 것이 가족을 살리는 길이다. 또 재산을 관리할 능력이 안 되는 자식에게 주는 재물은 오히려 독을 주는 것이니, 차라리 사회에 기부하는 것이 좋을 것이다. 그러면 그 음덕으로라도 살게 될 테니까 말이다.

자식과 이별하자

언제든지 경제적 이별을 선언하라

어떤 지인에게 장성한 자녀와 경제적인 부분은 어떻게 정리했느냐고 물으니, 자기는 아이들이 어릴 때부터 20살까지는 부모가 돈을 투자해서 공부를 시켜주겠다고 하고 20살 이상부터는 부모가 더 이상 경제적인 도움을 줄 수 없다고 선언했다고 한다. 만약 20세 이후에 부득이하게 경제적인 도움이 필요한 일이 있으면, 차용증을 쓰고 이자와 함께 갚아야 한다고 가르쳤다고 한다. 그랬더니 그 후로 자녀가 거의 스스로 자립을 해나갔다고 한다. 약 10년이 지난 후 자녀와 그 말에 대하여 대화를 나누어 보니 어릴 때부터 머릿속에 부모에게 기댈 수 없다는 생각이 깊이 각인되어 있었다는 것이다.

부모는 이처럼 적당한 시점에 자녀와 경제적 이별을 선언해야 한다. 가급적 자녀가 어릴 때부터 스스로 자립해야 한다는 생각을 머릿속에 심어 주는 것이 좋다. 비록 일찍 그렇게 가르치지 못하고 자녀가 성인이 되어도 어느 시점에는 이별을 선언해야 한다. 특히 사업을 하는 자녀와는 더욱더 그렇다. 사업이 잘되든, 잘되지 않든 이별을 해야 한다. 같이 죽어서는 안 된다.

※ 내가 만일 재벌이라면, 나는 자식에게 어떻게 상속해 주게 될까

가끔 이런 상상을 해 본다. 꿈을 꾸어 보는 것은 본인의 자유이다.

나는 상속에 관한 전략을 일찌감치 세울 것이다. 기업을 발전시키는 것도 중요하지만, 기업을 사회에 환원할 것이 아니라면 기업의 성장 발전과 영속성을 위하여 자식들의 능력을 철저하게 검증하게 될 것이다. 아주 어릴 때부터 경제적인 교육과 인성 교육을 할 것이고 근검절약하는 자세도 가르치겠다.

그리고 무조건 일류 대학에 보내기 위해 공부만 시키는 것보다는 스스로 돈을 버는 경험을 시키고 나이에 맞추어 아르바이트도 시킬 것 같다. 대학 때 유학하러 갈 실력이 되면 유학을 보내는데, 유학하러 가도 일정 부분은 스스로 돈을 벌어 학비나 용돈에 보태 쓰라고 하겠다. 기업 총수를 할 사람이 공부만 잘한다고 성공하는 것은 아니다. 경제 경영학 박사가 반드시 성공하는 것이 아니듯이 말이다. 이 세상에 뛰어난 머리는 얼마든지 있다. 두뇌는 빌리면 된다.

기업의 총수는 이 세상의 흐름을 읽을 줄 알아야 하고 리더십과 결단력이 있어야 한다. 외국에서 많은 문물을 받아들이고 이해할 수 있으면 된다. 그냥 외국 유학 갔다 왔다는 학력이나 남기려면 의미가 없다. 외국에 갔다 와서부터가 중요하다. 보통 부모 기업에 들어와서 경력직으로 간부 자리에 앉는 경우가 많은데, 이것도 아니다.

신분을 밝히지 않고 당당히 공채에 응시해서 입사하여 최하위 단계부터 근무하든지, 아니면 자기 실력으로 다른 기업에 입사해서 사회와 기업의 밑바닥부터 배워 보라는 것이다. 부모의 후광이나 배경은 던져 버리고 오

자식과 이별하자

직 자기 힘으로 당당히 이 사회가 인정할 수 있는 실력을 갖추면 된다.

나는 내 자식들이 편한 길, 걸림이 없는 길로만 걷게 하지 않을 것이다. 그래서 살아남은 자식을 다시 검증하여 경영 수업을 시키겠다. 이 일은 기업의 성장과 함께 꾸준하게 이루어져야 한다.

오랜 기간에 걸친 교육과 훈련 없이 승계하려고 하면 분명히 문제가 발생한다. 요즘은 상속 문제로 부모와 자식 간에 갈등이 많이 일어나고 있다. 부모가 고생해서 돈을 벌어 상속 과정에서 온갖 추한 모습이 일어나는 것을 보면 참 답답하고 한심하다.

부모도 철학과 카리스마가 있어야 한다. 조선 시대 태종의 후계 과정을 다시 찬찬히 생각해 보고 참고할 필요가 있겠다. 물론 간단한 문제가 아니다. 그럴수록 부모의 전략과 전술이 필요하다. 나는 개인적으로 능력 있는 오너가 기업의 최고 책임자가 되어야 과감한 결단으로 기업을 발전시킬 수 있다고 생각한다. 중소기업도 마찬가지다. 단 능력이 검증된 리더가 되어야 한다.

여태까지 삶을 살아오면서 직접 경험과 세계의 여러 사례를 보았을 때 작게는 가정에서부터 크게는 국가까지 리더가 제일 중요하다는 생각이다. 어찌 보면 다른 것은 다 부수적인 요소일 뿐이다.

리더의 역량에 따라 많은 사람의 생사가 달려 있다. 기업에서 리더의 역량은 두말할 나위가 없다. 훌륭한 리더는 망해가는 기업도 살려내고 멍청한 리더는 큰 발전을 이루어 낸 탄탄한 기업도 망하게 한다. 기업마다 시스템이란 게 있으니 시간 차이야 있겠지만 피할 수 없다.

외국의 큰손들은 투자 시에 기업의 리더 능력을 제일 먼저 검토한다고 한다. 자식이 경영 능력이 없으면 기업을 물려주어서는 안 된다. 미국의 빌

게이츠는 자식에게 단 1%의 재산만 물려주고 나머지는 사회에 환원하겠다고 했다. 난 1%면 너무하다고 생각했는데 그래도 약 1,000억 원이 넘는다고 하니 어마어마하다.

상속에 관한 이 모든 것은 자식의 교육과 훈련, 능력의 검증이 필요하다. 부모가 힘이 있을 때 해야 한다. 자식이 여럿이라면 문제가 있을 수 있지만, 어느 시점에서는 각자 기업의 경영을 시켜 보아야 한다. 그러면 시장에서는 리더에 대한 판단이 금방 나온다. 잘하고 역량 있는 자식이 나오고 또 미달하는 자식이 나오게 될 것 아닌가. 답은 뻔하다. 그러면 상당 기간 상왕 체제를 유지해 나가면서 아주 안정적인 상속이 이루어지도록 해야 한다.

상속세도 법이 그러하면 상속이나 증여를 원칙대로 해서 떳떳한 부를 물려주는 게 마땅하다. 정상적으로 상속세를 내어 부가 줄어들어도 역량 있는 자식이라면 기업을 더 크게 발전시킬 것이다. 세금은 금방 다시 벌 수 있다. 자식에게 물려주어도 떳떳하고 당당하게 물려주어야 한다. 부모의 전략·전술이 필요한 이유이다.

자식과 이별하자

제2장

좋은
습관은
운명을
바꾼다

"생각을 조심하라. 말이 된다.
말을 조심하라. 습관이 된다.
습관을 조심하라. 성격이 된다.
성격을 조심하라. 운명이 된다.
내가 상상하고 생각하는 대로 나는 그렇게 되어 간다."

※ 한 그루의 사과나무를 심자

"지구의 종말이 오더라도 한 그루의 사과나무를 심겠다."라고 한 스피노자의 말이 삶을 살아갈수록 깊이 와닿는다. 지금 내가 아무리 힘들어도 한 그루의 사과나무를 심어 놓으면 2~3년 후에는 탐스러운 사과를 따 먹을 수 있겠지만, 지금 귀찮고 힘들어서 사과나무 심는 것을 포기한다면 몇 년 후에는 남의 사과만 구경하게 될 것이다.

아이들의 좋은 습관 형성도 똑같다. 처음에는 힘들어도 좋은 습관을 만들어 주면 탐스러운 사과가 주렁주렁 열리게 될 것이다. 좋은 습관은 나무를 심고 잘 자랄 수 있게 거름을 주고 벌레가 먹지 못하게 해충을 잡아 주며 체형을 바로잡아 주는 역할을 하는 것이다. 우리 부모들은 미래의 탐스러운 사과를 위하여 오늘 한 그루의 사과나무를 심어 보는 지혜를 발휘해 보자.

필자가 어렸을 때부터 한마을에 사는 어떤 집은 자식이 많았지만, 살기도 그런대로 괜찮았다. 그 부모는 당시에도 지식은 많은 분이었다. 그 시절에는 많은 사람이 돈이 좀 있으면 주로 땅을 사려고 했는데, 그분은 땅을 사는 것보다는 아들 네 명의 교육에 많은 투자를 하였는데 그 아들들은 대기업 CEO와 대학교수, 고위직 공무원 등으로 네 명이 모두 잘되어 훗날 사회에 크게 기여했다.

만일 그분이 아이들 교육보다는 땅을 많이 사 두었으면 비록 큰 부자는 되었겠지만, 훗날 그 돈으로 인해 자식들 간에 갈등과 분란이 생겼을 수도 있지 않았겠는가. 요즘 시대의 흐름을 보면 거의 그럴 것 같다고 예상한다. 그러나 그분은 재산을 남겨 주는 것보다 자식들에게 공부와 책을 가까이

하는 습관과 머릿속에 지식을 남겨주는 현명한 선택을 한 것이다. 그분은 미래의 사과나무 농사를 아주 잘 지었다고 생각한다. 생각과 노력이 있는 부모에게는 분명 남다른 결과가 있기 마련이다.

1. 왜 좋은 습관인가
습관이 된 고정관념은 다이아몬드보다 더 단단하다

아이를 키우면서 어릴 때부터 가정 교육을 어떻게 해야 하고 또 어떤 좋은 습관을 들게 해야 할지는 우리 부모들의 큰 고민이 아닐 수 없다. 어릴 때의 좋은 습관은 그 아이의 평생을 좌우하는 매우 중요한 요소이다. 속담에 "세 살 버릇 여든까지 간다."라고도 했다. 아이들이 태어나 성장하면서 유아원부터 시작해서 유치원, 학교생활을 하는 동안 많은 습관이 만들어지겠지만, 아이들의 모든 일상생활이 이루어지는 가정에서부터 좋은 습관을 만들어 가는 것이 무엇보다 중요하다는 생각이다.

"습관의 사슬은 거의 느낄 수 없을 정도로 가늘지만, 깨달았을 때는 이미 끊을 수 없을 정도로 완강하다."라는 린든 존슨의 말과 같이, 처음의 아주 작은 행동 하나하나가 쌓여서 습관이 되면 후에 바꾸기가 무척 어렵다는 이야기이다.

요즘 젊은 부모들은 자녀를 자유분방하게 키우겠다는 사람들이 많다. 아이의 생각이 고정된 사고의 틀에 얽매이지 않도록 하고, 아이가 진취적이고 적극적이며 자신감 있는 사람으로 성장하

자식과 이별하자

기를 바라는 것이다. 다만 자유분방의 한계를 넘어서 아이가 모든 것을 마음대로 하고 방종하는 습관이 들면 자식 교육에 실패할 수 있다.

아이들의 잘못된 생각과 행동이 여러 번 반복되면 습관으로 굳어지게 된다. 그래서 생각을 올바른 방향으로 이끌어 주고 그 상태를 계속 유지하게 하며 잘못된 습관은 새로운 습관으로 바꾸어 주어야 좋은 운명의 흐름을 만들어 갈 수 있다.

이렇듯 습관이 아이의 평생 운명 형성에 크게 작용한다고 하면, 부모는 아이에게 어떤 습관을 어떻게 만들어 주는 것이 좋을지에 대하여 많이 고민하게 된다. 아이에게 무조건 강요하고 나무라는 것보다는 여러 가지로 판단력이 부족한 아이에게 올바른 방향을 제시하고 좋지 않은 행동은 수정해 주어 좋은 습관이 몸에 배도록 그 역할을 해 주어야 한다.

필자의 손주들도 좋은 습관을 위하여 부모들이 나름대로 노력하고 있다. 항상 "좋은 습관은 큰 보물을 쥐여주는 것과 같다."라고 누누이 강조한다.

아이에게 좋은 생활 습관을 가르치는 것은 부모의 가장 큰 책무이다. 좋은 습관을 지니게 해 주면 평생을 살아가면서 남다른 경쟁력을 가지고 성장과 발전할 수 있는 훌륭한 무기가 될 것이다. 사람이 일생 동안 삶을 살아가면서 모든 성공과 실패는 습관에서 온다고 해도 지나친 말이 아니다. 아리스토텔레스는 "우리가 반복적으로 하는 행동이 바로 우리가 누구인지 말해 준다. 그러므로 중요한 것은 행위가 아니라 습관이다."라고 말하였다.

이 세상에는 안 좋은 습관으로 망한 사람도 많고 좋은 습관으로 성공한 사람도 많다.

자식과 이별하자

2. 성장하고 발전하는 습관 15가지

우리 아이가 조금씩 바뀌고 있어요!

손 씻기

손 씻기는 모든 생활 습관 중에서도 가장 기본이다.

지금 전 세계적으로 코로나 19 전염이 확산되고 있는데, 전염이 수그러들지 않고 미국 및 유럽 지역을 중심으로 재확산되는 추세이다. 워낙 전염력이 강하니 많은 사람이 공포를 느끼고 전 세계적으로 경제가 망가지는 실정이다. 여러 가지 예방법이 나오고 있지만, 그중에서도 가장 중요한 것은 마스크와 손 씻기인 것 같다. 손 씻기만 철저히 해도 웬만한 잔병치레는 안 하고 살 것이다.

국내에서도 마스크와 손 씻기를 생활화하다 보니 감염병 환자가 많이 줄었다고 한다.

필자의 집 인근에 있는 아동 병원도 환자가 십 분의 일로 줄었다고 하는데 이는 부모와 자녀가 개인위생을 철저히 지킨 덕분인 것 같다고 한다.

특히 개인위생 청결을 가장 철저하게 지키는 민족이 유대인이다. 이들은 식사 전에는 반드시 손을 씻는다. 손만 잘 씻어도 배탈이 90% 줄어든다고 한다. 유대인의 위생수칙은 14세기 흑사병

사태 때 가장 빛났다. 당시 유럽 인구의 3분의 1이 목숨을 잃었지만, 유대인들은 대부분 살아남았다고 한다. 바이러스가 손을 통해 전염된다는 사실이 밝혀지기 전이었다.

손 씻기는 유대인의 제1 생활 수칙이다. 이들은 율법에 따라 하루에 9번 이상 손을 씻고 식사 전 손 씻기에도 여러 방법이 있다고 한다. 손바닥과 손가락 사이, 손목까지 완전히 씻고 식사 중에 신체 일부나 옷, 얼굴을 만지면 다시 손을 씻어야 한다. 현재 코로나 예방 손 씻기와 같다. 필자의 손주들도 평소 손 씻기를 잘 하지 않았는데, 계속 습관을 만들어 가니 자연스레 손을 자주 씻게된다. 덕분에 1~2주에 한 번씩은 가던 병원을 몇 달이 되어도 한번도 안 갔다고 한다.

우리 아이들이 어릴 때부터 손 잘 씻는 습관을 지니게 되면 평생 동안 많은 질병으로부터 자신을 지킬 수 있을 것이다. 일차적인 건강을 지키는 데 참 중요한 습관이다

무슨 일이든 스스로 하는 습관 만들기

우리는 아이들과 하는 많은 일상생활 속에서 어떤 일을 할 때 아이가 호기심을 가지고 만지려고 하면 아이들에게 "너는 이거 못 해. 만지지 마."라고 쉽게 말한다. 그런데 부모로서 이런 말은 매우 안 좋은 교육 방법이란 생각이 든다.

자식과 이별하자

어른도 마찬가지이지만, 뭐든 직접 해 보지 않으면 배울 수 없다. 아주 작은 일부터 직접 경험할 기회를 주어야 한다.

부모가 하면 빨리할 수 있지만, 아이를 시키면 늦게 하거나 잘못하게 된다. 그래서 부모가 귀찮으니 아이에게 시켜서 해 볼 만한 일도 직접 해버리고 아이가 스스로 도전할 수 있는 기회를 주지 않는다.

스스로 세수하기, 머리 빗질하기, 옷 입기, 양말, 신발 신기 등의 일과 또 집안의 사소한 일도 아이에게 해 볼 수 있는 기회를 주고, 하고 나서는 칭찬해 준다면 아이는 성취감까지도 느끼게 된다. 어릴 때부터 어떤 일을 하고 부모에게 칭찬받고 나면 아이는 매사에 할 수 있다는 자신감을 가지고 성장할 것이다.

어릴 때의 아주 작은 사소한 성취감이 쌓여서 성공하는 습관이 들면 훗날 아이는 미래에 큰 성공을 이룰 수 있을 것이다.

필자는 손주가 방문하면 뭐든 스스로 해 보도록 한다. 처음에는 모든 것이 서툴고 불편하고 내가 직접 하는 것이 빠르고 좋다. 꽃나무에 물을 주는 것도 잘못하면, 화분을 깨트릴 수도 있지만, 손주가 해 볼 수 있는 소중한 경험의 기회를 주고 싶어서 직접 해보게 한다. 뭐든지 많이 경험해 봐야 한다. 그러면 점점 잘하게 될 것이다.

정리 정돈과 질서를 지키는 습관

성인이 되어서도 정리정돈을 하지 않거나 관심이 없는 사람들이 너무 많다. 그런 사람들은 가정 살림부터 사무실이나 공장 등 거의 모든 부분에서 흐트러져 있어, 보는 사람까지도 혼란스러운 경우가 많다.

이런 무질서를 보면 너무 답답하고 어떻게 저렇게 해서 살아갈 수 있을까 하는 의문이 많이 든다. 특히 사무직의 경우에도 책상 정리가 안 되어 있으면, 보기에도 어수선하다. 중요한 것은 서류 정리나 컴퓨터 파일 정리도 잘 안 되어 있으니, 갑자기 상사의 지시나 급한 일이 있을 때 중요한 서류를 빨리 찾지 못해서 곤란을 겪은 경험이 한두 번은 있었을 것이다. 일생에 걸쳐 물건이나 자료를 어디에 두었는지 찾는 시간을 다 합하면 엄청난 시간이 되지 않을까.

어릴 때부터 정리 정돈하는 습관이 안 들면 성인이 되어도 정리 정돈을 잘하지 못하고 고치려고 해도 매우 힘이 든다.

제일 좋은 것은 우리 아이들이 어릴 때부터 아주 작은 것부터 나이에 알맞은 정리 정돈의 즐거움을 가르치는 것이다. 제일 먼저 아이들이 접하는 것이 장난감인데, 가지고 놀고 난 후 스스로 정리할 수 있는 정리함을 만들어 주고 부모가 함께 정리 정돈을 해 보자.

집 안에서 정리를 체험할 수 있는 것은 많다. 그중에서도 가장

자식과 이별하자

기초적인 것이 장난감이나 동화책이 될 것이다. 정리하기 전과 정리 후의 모습을 사진을 찍어서 아이에게 보여 주자. 그리고 아이가 정리를 잘하면 칭찬해 주자. 아이는 칭찬이 좋아서 계속 잘하려고 노력한다.

필자의 6살 손주들도 정리 정돈 습관이 안 들어 부모에게 야단을 맞아도 잘 안 고쳐졌는데 이후에는 방법을 바꾸어 조금만 정리를 해도 잘한다고 칭찬해 주니 점점 잘해 나간다고 한다. 아이들을 키우면서 칭찬은 최고의 보약인 것 같다.

질서를 지키는 습관

얼마 전에 유럽 여행을 가서 뷔페에서 식사를 하게 되었는데, 독일 아이들이 우리 뒤에 줄을 섰는데 배고파하는 것 같아서 우리가 양보해 줄 테니 앞으로 가서 서라고 해도 감사하다고만 할 뿐, 순서를 지켜야 한다고 사양하는 것이었다.

우리는 그동안 고속 성장 시대를 살아오면서 뭐든 빨리빨리 문화 속에서 살아왔다. 하지만 이제 우리는 우리 후손에게 차분하게 질서를 지키고 질서를 지키는 것은 나 자신을 지키고 우리 모두를 지키는 것임을 알려 주어야 한다. 또한, 교통 신호, 극장에서 입장표, 어린이 놀이터 등 모든 부분에서 질서 지키기를 잘 가르쳐야 성인이 되어서도 차례를 지키고 기다릴 줄 알게 된다. 이것도 부모가 모범을 보여 주고 아이에게 설명과 대화가 필요하다.

필자는 고속 성장 시대를 살아온 사람이라서 그런지 뭐든지 빨리하려는 마음이 앞선다. 그래서 줄을 서서 기다리는 것이 답답할 때가 많다. '아! 빨리하고 가야 하는데. 이거 언제 하지? 언제까지 기다려야 해?' 하는 생각을 자주 하게 된다. 그렇게 급한 일도 아닌데 서두르는 것이다. 매사에 느긋한 마음을 가지려고 많이 노력하지만, 항상 마음이 급하다. 왜 이럴까?

바로 어릴 때부터 머릿속에 깊이 박혀 있는 '뭐든 빨리빨리 해야 한다.'라는 습관이 문제였던 것이다. 습관은 정말 무섭다. 고치려고 해도 쉬이 안 고쳐진다.

선물을 주거나 받는 것도 습관이다

요즘 젊은 부모들은 아이들에게 여러 기념일에 선물을 잘 사 주는 것 같다. 필자는 어릴 때부터 선물을 주거나 받아 본 기억이 없다. 그러니 자연스럽게 남에게 선물을 받을 줄도 모르고 줄 줄도 모른다. 선물을 주고받는 것 자체가 어색하다.

어른들은 아이가 선물을 주면 돈도 없는데 사 왔다고 오히려 역정을 낸다. 그러나 그것이 본심은 아닐 것이다. 아이들에게도 자기 경제 능력에 맞추어 선물을 주고받는 교육을 해야 한다. 어릴 때부터 자신의 경제 능력 범위 안에서 알맞은 선물을 고르는 법도 알려 주어야 하고 선물을 주고받는 것은 남을 기쁘게 하고 자신도 즐거워지는 일이라는 것을 알려주어야 한다.

직장이나 사회에서 아주 자연스럽게 선물을 잘 주고받는 것을 보니 부럽다. 손주들은 필자의 생일에 스스로 만든 것을 선물이라고 준다. 조부모는 손주들 생일에 선물을 잘 안 하는데 아이들 교육을 위해서 적당한 선물을 하는 것이 필요하다는 생각이다. 선물을 잘 주고받는 것도 습관이다.

생각이나 마음을 잘 표현하는 습관

나의 마음속에 백 마디의 아름다운 말과 감사함을 품고 있어도, 표현하지 않으면 상대방이 알 수 없다. "말 한마디에 천 냥 빚을 갚는다."라는 속담도 있듯이, **내 마음을 잘 표현하는 것은 정말 중요하다.** 그것도 어렸을 때부터 몸에 익혀야 어른이 되어서도 자연스러워진다.

아이들이 놀다가 혹은 실수로 남에게 피해를 주었을 때는 "미안합니다.", "죄송합니다.", "잘못했습니다."라고 사과하도록 하고 남에게 도움을 받았을 때는 "고맙습니다.", "감사합니다."라고 인사하는 습관을 길러 주어야 한다. 필자의 옆집에 사는 아이들도 만나면 인사를 참 잘한다. 말도 예쁘게 하고 하는 행동이 참 귀엽고 착하다. 아이들을 정말 잘 키웠다는 생각이 든다. 그 애의 부모들도 말하는 것이 따뜻하고 정감 있다.

어른이 되어서도 남에게 표현할 줄 모르는 사람은 어릴 때부터 이런 가르침을 배우지 못한 경우가 많다. 필자도 어릴 때부터 습관이 안 되어 있으니 지금 하려고 해도 왠지 어색하고 서먹서먹하다.

부부 사이에서도 마찬가지다. 부모가 자녀에게 "고마워.", "수고했어.", "잘했어.", "사랑한다."라는 격려와 감사, 사랑의 말을 자주해 주어서 이를 듣고 자라면 그 아이도 습관화되어 주변인에게 그렇게 하게 되고, 성인이 되어서도 남에게 사랑받고 호감을 받는 사람이 될 것이다.

당장 오늘부터 부부 사이에서나 자녀에게도 한번 말해 보자. 어떻게 반응하는지 궁금하지 않은가? 필자가 아내에게 "당신. 수고 많이 했어. 사랑해."라고 했더니 아내 역시 어색해하면서 "안 하던 소리를 다 하고 그래? 당신, 좀 이상해졌는데? 무슨 죄지었어?"라고 한다.

사랑과 격려의 말의 위력을 확인하기 위하여 양파를 키우면서 한쪽 양파에게는 미워하고 저주하는 말을 하고 한쪽 양파에게는 사랑과 격려의 말을 했더니 발육 상태가 달라지는 것을 직접 실험해서 확인했다. 하물며 우리 인간이야 오죽하겠는가. 오늘부터라도 당장 우리 아이들에게 사랑한다고 안아 주고 말해 보자. 어릴 때부터 습관이 들지 않으면 어른이 되어도 어색해서 잘할 수 없다. 감사와 사랑의 말, 이것도 습관이다.

자식과 이별하자

검소하고 절약하는 습관

아이들이 가정에서 생활하면서 세숫물이나 목욕물 아껴 쓰기, 불필요한 전등 끄기, 아이들이 사용하는 학용품을 아끼고 끝까지 사용하기와 아이들이 원한다고 무조건 사 주지 말고 꼭 필요한 물건인지 몇 번 생각해 보고 사도록 하고 앞에서 기술한 용돈 관리와 연계하여 검소한 생활 습관을 지녀 아껴서 남는 용돈은 저축하는 습관을 지니도록 해야 한다.

아는 지인은 매우 부자인데도 자기 자식들은 부모의 재산이 어느 정도인지 모른다고 한다. 보통은 자연스레 알게 되지 않느냐고 말하니 일부러 알려 주지 않는다고 한다. 그리고 매우 검소한 생활을 한다. 당연히 자식들에게도 검소하고 절제된 생활을 하도록 가르친다. 아이가 3명인데 옷도 가급적 위의 형이 입던 옷을 그대로 물려받아서 입도록 한다. 요즘 아이들은 새로 유행하는 옷을 입으려고 하는 것이 보통인데, 잘 따라 한다.

이유가 뭐냐고 물으니 요즘 아이들은 부모가 부자면 부모한테 기대는 심리가 많다는 것이다. 자기 자식은 부모에게 의타심을 갖지 않도록 키우고 싶다고 한다. 아이들이 함부로 소비하고 낭비하는 습관이 들면 아무리 부모가 재산을 많이 남겨 주어도 결론은 가난해질 수밖에 없다는 지론을 가지고 있었다.

그 지인은 본인의 생활도 검소하고 실용적으로 한다. 그러면서 궁상을 떨거나 하지 않고 합리적이고 실용적인 삶을 살아가고 있어서 배울 게 많다. 절약한 돈으로 불우이웃 돕기 등 좋은 일도 많이 하고 있다.

부모가 부자지만, 자식과 함께 자발적으로 근검절약하는 생활 습관은 본받을 만하다. 자녀에게 소비를 자제하고 일상생활 속에서 근검절약을 생활화하도록 하는 것은 자녀의 미래를 위한 큰 선물이 될 것이다.

필자가 어릴 때 아버지가 항상 하시던 말씀이 있었다. **"이 세상에서 제일 무서운 병은 뭐니 뭐니 해도 낭비하는 병이다. 낭비 병이 들면, 절대 고칠 수 없다."**이다. 당시에는 낭비할 것이 전혀 없기도 했지만, 이 말을 깊이 새겨듣지는 않았는데 살아갈수록 마음속 깊이 공감하고 있다. 낭비하는 습관으로 어려움 속에서 살아가는 사람이 많다. 형편에 맞지 않는 최고급 차, 명품 옷 등 낭비하는 습관이 들면 빚을 내어서도 낭비를 해야 직성이 풀린다.

부자일수록, 근검절약하면 더 매력적으로 보인다.

가족을 최우선으로 하는 습관

내 친구 한 사람은 사회생활도 잘하고 인간관계도 참 좋다. 모든 사람이 다 좋아 한다. 모임에 가면 화기애애한 분위기를 잘 만들고 유머도 참 뛰어나다. 모임에 이 친구가 빠지면 재미가 없다. 그런데 우연히 이 친구가 집에 가면 거의 말을 안 한다는 이야기

　　　　　　　　　　　　　자식과 이별하자

를 들었다. 많은 사람이 집에서도 얼마나 재미있을까 생각했는데 집에서는 완전히 딴판이라고 한다. 가족들은 재미가 없다고 말한단다. 친구 부인이 하는 소리가 "밖에서는 일등 남자, 집에서는 꼴등 남편."이라고 한다. 필자는 밖에서 정열을 너무 쏟으니 집에 가면 에너지가 남아 있지 않아서 그런 것 같다고 이야기했지만, 밖에서 잘하는 것도 중요하지만, 내 가족의 즐거움과 행복이 우선이 아닌가 하는 생각도 들었다.

가족은 생활 공동체이면서 행복 공동체이기도 하다. 가족이 모두 행복한 생활을 영위하기 위해서는 가족 각자가 해야 할 의무와 책임이 있다.

나이나 구성원의 역량에 따라 적절하게 기여해야 한다. 특별한 이유 없이 놀고먹는 것은 안 된다. 아이들도 가정생활을 통해서 가족 공동 생활에서 책임과 의무를 배우고, 나아가 사회생활의 구성원으로서 협동과 조화를 배운다.

나이에 따라 자그마한 일부터 돕는 습관을 들이자. 식사 차리기, 신발 정리하기, 신문 가져오기, 화분에 물 주기, 청소기로 청소하기 등 아이들이 쉽게 할 수 있는 작은일부터 시작하여 집안일에 기여한다는 성취감도 들게 하고, 뭐든지 할 수 있다는 자신감을 심어 주는 것이 필요하다. 또한, 가족의 일을 돕는 것은 자녀가 성장하여 타인과 사회생활을 원만히 할 수 있는 기본소양을 닦아 주는 것이다.

아이의 생각을 존중해 주는 습관

아이들은 종종 어른들의 상식으로는 생각할 수 없는 엉뚱한 것을 상상하고 말한다. 이럴 때 부모가 그런 말도 안 되는 소리를 한다고 나무라거나 무시해서는 안 된다. 이럴 때는 아이가 왜 그런 생각을 하게 되었는지 물어보고 오히려 아이가 상상의 나래를 펼칠 수 있도록 대화하는 것이 필요하다.

아이들은 이 세상에 대하여 보는 것마다 신기하고 의문이 생기는 것이 당연하다. 부모의 입장에서는 귀찮고 성가신 일이 될 수 있지만, 아이에게는 알고 싶은 욕구와 상상력을 함께 표현하는 것이다. 아이와 대화하면서 상상력이나 의문을 풀어 주는 것이 필요하고 부모가 모르는 것은 아이와 함께 답을 찾아가는 과정이 있다면 훗날 아이가 어려운 일을 해결하는 방법을 배우는 좋은 경험이 될 것이다.

특히 아이들의 순진무구한 상상력이 미래를 바꿀 수 있다고 생각하면 아이들의 느낌이나 감정을 존중해 주어야 한다는 것을 알 수 있다.

요즘은 아이들이 제도권 교육을 받기 시작하면서 상상력이 점점 줄어드는 것 같다. 필자의 손주도 어릴 때 유치원에 가기 전만 해도 풍부한 상상력으로 여러 가지 말을 많이 하였지만, 유치원과 학교의 제도권 교육을 시작하고 나서부터는 상상이나 엉뚱한 생각이 많이 줄어들고 틀에 박힌 고정 관념의 세계로 옮겨 가는 것 같아서 안타까운 마음이 많이 든다.

학교 공부에, 학원 수업에, 바쁜 일정을 보내다 보니 다른 상상을 할 여유가 없는 것 같다. 부모는 아이가 책이나 이야기로 많은 상상과 공상을 할 수 있도록 해 주면 좋겠다. 이 세상을 바꿀 커다란 일도 결국은 터무니없는 상상력에서 나오게 될 테니까 말이다.

나이에 맞는 기준과 규칙을 정하여 지키는 습관

부모는 아이들에게 가정의 일상생활 중에서 나이에 맞추어 꼭 필요한 부분은 규칙을 정하고 지키는 습관을 길러 주어야 한다.

예를 들어, 저녁 취침 시간과 아침에 일어나는 시간, 식사 시간이나 군것질을 할 때 먹지 말아야 하는 것들, 특히 게임에 빠진 애들에게 무조건 게임을 못 하게 하는 것보다는 게임을 하는 데 제한 시간을 아이와 함께 정하고 지킬 수 있도록 도와주어야 한다.

필자의 큰 손녀도 게임을 너무 좋아해서 밥 먹는 것도 잊고 게임에 몰두하기도 해서 엄마와 딸하고 실랑이가 벌어지는 일이 가끔 있었다. 그 때문에 서로 사이가 안 좋아서 힘들어했는데 그 후 아이와 정하기를 토요일만 게임을 하기로 하고 그 외의 6일은 게임을 하지 않기로 했다고 한다. 그러면 6일 동안 토요일에 게임을 하기 위해서 열심히 한단다.

그 외에도 **부모가 자녀들이 꼭 지켜 주기를 바라는 것들에 대**

해서 원칙을 정해야 한다. 이때는 부모가 일방적으로 정해서 무조건 지키기를 강요하는 것보다는 기준을 정할 때 아이에게 설명과 이해를 시키고 합의를 구하는 것이 기준을 지키게 하는 데 훨씬 도움이 된다. 그리고 부모는 아이와 함께 정한 규칙을 경우에 따라 임의로 자주 변경하는 것을 금해야 한다.

손주들도 어릴 때는 저녁에 씻기기, 밥 먹이기, 재우기 때문에 매일 부모와 다투었다고 하는데, 규칙을 정하고 그것을 서서히 지켜나가니 좋은 습관이 들어서 이제는 부모가 간섭하지 않아도 스스로 지킨다고 한다. 특히 형제간에 형이나 누나가 이끌면 동생이 자연스럽게 따라 하는 습관이 만들어진다고 한다.

정직과 진실을 말하는 습관

필자의 친척 중에 6살 난 아이를 둔 부모가 있다. 어느 날 아이와 장난감 판매점에 갔다가 집에 왔더니 아이가 호주머니에 계산을 하지 않은 작은 장난감을 가져 왔다는 것이다. 어떻게 하면 좋겠느냐고 필자에게 문의했다.

아직 어려서 가지고 있다가 본인도 모르게 가져올 수도 있고 계산해야 한다는 개념을 모르고 가져왔을 수도 있다. 하지만 이 때는 아이에게 정직과 옳고 그름을 가르칠 수 있는 좋은 기회이다.

아이를 무조건 나무라기보다는 아이의 행동에 대해서 '남의 물건을 가져오면 어떻게 될까?'에 대한 이야기와 "만약 네가 좋아하

자식과 이별하자

는 장난감을 다른 아이가 몰래 가져가면 네가 많이 찾게 될 것이고, 그러다 없으면 얼마나 실망하겠니. 엄마는 네가 계산하지 않은 물건을 가져와서 많이 놀랐다."라고 말해 주고는 다시 가서 그 물건을 그 자리에 두고 오자고 이야기해야 한다.

부모가 귀찮아서 그대로 용인해 주면 도둑질을 용인하는 것과 똑같으니, 그 물건의 처리가 중요하다고 말하고 아이와 함께 그 매장에 가서 전후 사정을 이야기하여 사과하고 반드시 되돌려 주는 절차를 밟아야 한다고 말해 주었다. 그 후 그 아이는 매장에 가서 정직하다고 칭찬을 받고 간단한 선물을 받았다는 것이다. 그 매장에서도 아이의 교육에 일조한 것이다.

옛말에 "바늘 도둑이 소 도둑이 된다."라는 말이 있다. 정직도 어릴 때부터 배우는 습관이다. 위대한 위인들도 정직과 진실을 바탕으로 큰 인물이 되었다. 정직은 가장 큰 무기이다.

건강한 식습관

어릴 때의 식습관이 평생의 건강을 좌우한다. 부모의 가장 큰 아이 사랑 중 하나가 아이에게 어릴 때부터 균형 잡힌 식생활 습관을 들여 주는 것이다. 지금은 유행병이 전 세계에서 전파되고 있다. 앞으로도 우리가 예측할 수 없는 세균이나 바이러스가 창궐하여 우리의 생명을 위협할지도 모른다. 그런데 어떤 질병은 백

신이나 치료약이 없는 경우도 많을 것이다.

이럴 때 치명적인 위험에 처하는 사람은 신체 면역력이 약한 노약자가 대부분이다. 그만큼 이번 코로나 19 바이러스뿐만 아니라 많은 질병을 이기는 데 가장 큰 영향을 주는 것은 면역력이라고 할 수 있다.

우리 부모는 아이가 미래에 다가올 미지의 바이러스를 이겨낼 수 있도록 아이의 면역력을 길러 주는 식습관을 가지게 해 주어야 한다. 특별한 처방이 있는 것은 아니지만, 영양소 섭취 기준에서 정한 식품들을 골고루 섭취하도록 하고 식사를 거르지 않고 정해진 시간에 즐겁게 먹도록 해야 한다. 부모가 바쁘다는 이유로 아이 혼자 라면이나 빵으로 밥 대신 먹게 하지 않고 부모와 함께 식사하면서 대화하는 행복감도 느끼게 해 주자.

특히 아이가 집에서 인스턴트 식품을 먹는 습관을 들이면 어릴 때부터 성인병을 갖게 되는데, 그 식습관은 평생 고치기 어려운 습관이 된다.

부모가 다른 것까지는 신경 써 주지 못해도 아이가 집이나 집 밖에서 부모의 눈을 피하여 인스턴트 식품이나 탄산음료를 습관적으로 먹고 마시는지는 지켜보고 챙겨 주어야 한다.

성인병에 걸리게 되면 살 빼기도 매우 어렵고 사회 적응도 어렵게 되니 건강을 잃거나, 우울증 등 합병증으로 그 폐해가 심각한 것을 많이 봐 왔다. 부모가 자식의 장래를 망치는 일 중 하나가 될 것이다.

이웃집 부부는 맞벌이로 아이를 친정에다 맡겼는데, 할머니는 아이들이 칭얼거리거나 먹고 싶다고 떼를 쓰면 과자나 인스턴트 식품을 많이 먹인 것이 아닌가 싶을 정도로 비만이 되었다.

할머니의 입장에서야 손주가 좋아하고 하니 해 달라는 대로 해 주고 싶고, 또 원하는 과자만 사 주면 아이를 잘 돌보는 것으로 생각할 수 있다. 부모의 맞벌이로 아이의 건강이 염려된다. 엄마가 직접 육아를 하면 아이들이 먹고 싶고 하고 싶은 것을 다 해 주지는 않겠지만, 할머니가 키우는 데는 한계가 있다. 아이들에게 인스턴트 식습관이 생기면 건강에 얼마나 좋지 않을 것인가.

격려와 칭찬하는 습관

아무리 사소하고 자그마한 일이라도 아이의 노력을 칭찬해 주고 격려해 주자. "작은 일들이 모여서 큰일이 이루어진다."라는 빈센트 반 고흐의 말대로 "아이들은 작은 성취감이 모여 더 큰 자신감이 생기고 또 다른 노력으로 이어진다."

부모에겐 평범하고 아무것도 아닌 일이지만, 아이는 마음을 써서 최선의 노력을 다하는 것이므로 부모의 격려와 칭찬이 아이의 자존감을 높인다. 아이를 잘 가르치려고 애쓰는 부모와 노력하는 아이가 함께 성장한다는 말이 있다. 아이를 키우는 그 자체가 부모에게도 배움의 과정이다.

바람직한 좋은 칭찬과 격려는 아이가 스스로 이루고자 하는 일을 보다 자신감 있고 만족스럽게 성취하는 밑거름이 된다. 우리 부모는 돈도 들지 않고 힘도 들지 않는 격려와 칭찬을 아끼지 말아야 한다.

어릴 때부터 칭찬을 많이 받은 아이는 자신감과 성취감이 매우 높다고 한다. 또 칭찬을 많이 받아 본 아이는 커서 남에게 칭찬을 잘하는 아이로 자라게 된다.

남에게서 칭찬거리를 잘 찾는 능력은 필자가 부러워하는 능력이다. 필자도 남에게 칭찬을 많이 해 주고 싶은데 습관이 안 되어 있기에 쉽지가 않다. 필자의 손주들도 키우고 싶은 방향으로 칭찬과 격려를 해 주니 인정받고 싶어서 더 잘하려고 하는 것이 눈에 보인다. 우리 어른도 마찬가지다. 격려와 칭찬을 받으면 또 받고 싶어서 더 잘하려고 노력한다. 어른도 이런데, 아이들은 두말할 나위가 있을까? 칭찬은 소도 더 열심히 일하게 한다.

예절을 지키는 것과 훈육하는 습관

예절은 사람의 인성에서 가장 중요하다. 공공장소에서 지켜야할 예절, 식사 예절, 인사 예절 등은 부모가 모범을 보일 때 자녀도 자연스럽게 배우게 된다.

아무리 어려도 다른 사람에게 피해를 주는 행동은 단호하게 제재해야 한다.

자식과 이별하자

필자가 일본 여행 중 저녁 식사를 위하여 호텔 레스토랑에서 식사하고 있을 때의 일이다. 필자의 옆 테이블에 한 젊은 일본인 부부가 남자아이 하나와 식사를 하러 왔다. 식사 중에 아이가 좀 칭얼거리며 밥을 먹지 않으니 처음에는 달래다가 아이가 계속 칭얼거리자 아버지가 주먹으로 아이의 뺨을 때렸다.

우연히 그 광경을 본 우리는 깜짝 놀랐다. 순간 이후의 상황이 어떻게 될지 궁금했다. 아이의 입안에서 음식물 튀어나왔고 많이 아팠겠지만, 아이는 다행히 울지 않고 자세를 바로 앉는 것이었다. 4~5세의 아이라면 큰 소리로 울 듯한데 아마 남한테 피해를 주면 안 된다는 가정교육을 많이 받은 듯했다. 아이는 그 후 울먹이면서 조용히 식사했다.

아이가 초등학교에 다니기 시작하면 챙겨 주어야 할 준비물도 많아지고 생활 습관도 잡아 주어야 하니, 자주 야단을 치게 되고 아이와 관계는 점점 나빠질 수 있다.

어떻게 해야 아이의 마음을 다치지 않게 하면서 좋은 습관을 들이게 할 수 있을까? 많은 부모의 고민이다.

일반적으로 훈육이라고 하면 엄격하게 꾸짖고 체벌하는 부정적인 개념으로 잘못 이해하는 경우가 많은데, 아이가 잘못했을 때 부모가 화를 내고 징벌적인 태도를 취하는 것은 아이에게 두려움이나 반감을 심어 줄 뿐이고 아이를 바르게 키울 수 없다.

그러면 어떻게 가르쳐야 하는 걸까? 아이들에게는 무엇이든지 알기 쉽게 가르쳐주고, 유사한 사례를 들어서 재미있게 이야기해 주면 금방 알아듣는다. 다정다감한 부모의 가르침에 아이들은 자존감을 갖게 된다. 물론 때에 따라서 부모의 단호함도 필요할 때가 있다. 무엇보다 중요한 것은, 평상시 부모의 삶 속에서 좋은 모습을 보여 주는 것이다. 또한, 부모는 다른 아이와 비교하거나 부족한 것을 지적하지 말고, 아이의 올바른 습관 형성과 성장을 위해 무엇을 어떻게 해야 할지 고민하면서 정성껏 지도할 수 있어야 한다.

아이의 입장에서는 자기를 나무라고 혼내려는 부모보다 자기를 위해 따뜻한 사랑의 눈길과 정감 어린 말을 해 주는 부모에게 감사함을 느끼게 된다. 또 부모가 자녀를 잘 키우려고 고민하는 모습을 볼 때 자녀 역시 부모의 가르침에 더 잘 따를 수 있게 된다.

필자의 손주 두 명은 자기 아버지가 매우 엄격하게 가정교육을 시키는 것 같다. 본인이 부모에게 매를 맞으면서 교육을 받았으니, 자신의 과거 생각을 하면서 아이들을 교육한다. 물론 체벌을 하는 것은 아니지만, "내가 네 나이 때는 농사일하고 바다에 가서 어부 일도 하고 하면서 힘들게 자랐는데, 너는 왜 못하느냐?"라는 식으로 아이에게 이야기한다. 그러나 요즘 아이들이 직접 겪어 보지 않은 과거를 어떻게 이해할 수 있겠는가?

아이들은 아이들대로 힘들어하는 것 같아서 나는 사위에게 아이의 친구가 되거나 아이의 눈높이에 맞추어 주라고 했다. 그래야 아이가 쉽게 이해하고 마음의 문을 열 수 있을 거라고 했는데 몇 달 후에는 아이들과 상당히 친해져서 필요한 목적을 달성했다고

자식과 이별하자

한다.

아이를 가르칠 때 어른의 생각과 입장에서 말하면 아이들은 잘 이해하지 못한다. 꼭 아이의 눈높이에 맞추어야 대화가 되고 변화를 일으킬 수 있다.

부모가 앞장서서 모범을 보여야 좋은 습관이 만들어진다

부모의 백 마디 말보다 한 번의 행동이 더 중요하다

어느 부모 할 것 없이 아이들에게 매일 하는 잔소리가 "책 읽어라.", "공부해라." 하는 소리일 것이다. 부모는 소파에 누워서 TV만 보고 있으면서 말로만 아이에게 시키는 것이다. 아이들도 부모가 시키니 어쩔 수 없이 부모가 있는 곳에서는 하는 척하겠지만, 부모가 없으면 아이들은 부모가 하던 대로 따라 하게 된다.

요즘 어린이를 키우는 가정에서는 TV를 없애는 집도 많다. 백 마디 말보다는 부모 스스로 모범을 보이는 행동이 필요하다.

얼마 전에 아들 부부와 8살 난 손주와 함께 식사하고 나오는데 손주가 어른이 사용하는 이쑤시개로 이빨을 후비는 것이 아닌가? 깜짝 놀라서 손주에게 왜 이쑤시개로 그렇게 하느냐고 물으니 아빠가 그렇게 한다는 것이다.

아들이 손주보고 나무라니 손주가 하는 소리가 "아빠는 매일 그러면서 왜 나보고는 못 하게 하느냐?"라고 했다.

아이가 해서는 안 되는 행동을 부모 스스로가 하지 않아야 한다. '나는 부모이니까, 어른이니까 이렇게 해도 되겠지?' 하는 생각은 참 이기적인 생각이다.

아이에게 책 읽는 습관을 들이기 위해서는 책을 읽으라고 말만할 것이 아니라 부모 스스로가 먼저 책을 읽어서 가족 모두 책 읽는 분위기를 만드는 것이 훨씬 효과적이다.

부모 스스로 먼저 행동하는 모범을 보이자. 옛말에 "자식은 부모의 등짝을 보고 자란다."라는 말이 있다. 무엇이 옳고 그른지 혼란스러운 세상 속에서 부모는 어떤 풍파에도 흔들리지 않는 든든하고 뿌리 깊은 기둥이 되어 주어야 한다.

자식과 이별하자

3. 습관 만들기
1530 법칙

<u>모든 변화의 시작은 5분이다.</u>
<u>1일 5분씩만 변화를 시도함으로써, 새로운 습관을 만드는 데</u>
<u>평균 30일이 걸린다.</u>

습관이란 무엇인가

습관은 일반적으로 지속해서 되풀이함으로써 자연스럽게 그리고 자동으로 하게 되는 행동 양식을 말한다. 일상생활에서 자기도 모르게 무의식적인 행동을 계속하게 되는 것이 습관이다. 세계적으로 큰 성공을 이룬 위인들은 자기만의 좋은 습관으로 성공한 경우가 많았다. 도스토옙스키는 "습관이란 인간으로 하여금 어떤 일이든지 하게 만든다."라고 하였다.

좋은 습관이나 안 좋은 습관 모두 어릴 때부터 길들여진 습관은 거의 평생을 함께 간다고 보면 된다. 또한, 그 사람의 평소 습관은 사회생활이나 가정생활의 성공을 좌우하는 큰 요인이 된다. 좋은 습관을 만드는 것도 매우 어렵고 안 좋은 습관을 변화시키는 것은 더욱더 어렵다.

습관과 운명

어릴 때나 비교적 젊은 나이에 좋은 습관을 만들면 평생에 걸쳐 긍정적이고 건강한 삶을 살아가는 데 큰 도움이 되는 것을 필자 본인도 많이 느끼며 살고 있다. 필자에게는 평생 해 온 오래된 습관 두 가지가 있다. 한 가지는 20대 초반에 공무원 생활을 시작하고 기본 교육을 받기 위해 교육원에 입교했을 때 생긴 습관이다. 그 당시 한 달 동안 매일 아침 6시에 운동장에서 10여 분간 맨손체조와 구보를 했는데 딱 30일 동안 지속한 습관 덕분에, 40년이 넘도록 매일 아침 2~30분간 체조와 다양한 스트레칭을 계속해 왔다.

그 덕분에 아직까지 허리나 팔, 다리 등 근골격 쪽으로 아파서 병원에 간 기억이 없다. 건강에 큰 자신이 있는 것은 아니지만, 주변에 비교적 젊은 나이임에도 필자를 제외하고는 근골격 문제로 고생하는 사람들이 많이 있다.

이렇게 오랜 기간 아침 운동 습관이 들어, 해외여행을 하거나 아무리 피곤해도 하루라도 하지 않으면 개운치 않고 불편해서 아침에 눈을 뜨면 스트레칭부터 해야 일과를 시작할 수 있다. 또 일과 중에 피곤할 때도 잠깐 스트레칭을 하면 몸이 풀린다.

또 한 가지 습관은 식사할 때마다 비타민 C를 두 알씩 먹는 것

　　　　　　　　　　자식과 이별하자

인데, 약 20년 정도 된 습관이다. 비타민 C는 항산화 예방 및 몸의 여러 부분에서 꼭 필요하고 몸에 축적되지 않는다고 하여 계속 먹고 있는데, 정확히 내 몸 어디에 어떻게 효과를 내는지는 알 수 없다.

그런데 1~2년 전에 관상동맥과 뇌혈관 상태를 검사했는데 혈관이 깨끗하다고 했다. 필자는 과거에 음주와 육식을 많이 한 상태라서 혈관이 깨끗하리라고는 예상하지 못했는데 의외로 좋다고 하니 그 관계를 증명할 수는 없지만, 개인적인 생각으로는 그 덕분이 아닌가 하고 짐작만 할 뿐이다.

이 세상에서 성공한 많은 사람이 좋은 습관으로 성공한다. 아침에 일찍 일어나는 부지런한 습관이 있거나 독서를 많이 하는 습관 등 어릴 때부터 좋은 습관을 길들이면 분명 성공할 수 있는 첫째 조건을 갖추었다고 생각한다.

주변의 지인 한 분은 교육계에서 40년을 근무하고 은퇴했는데, 이분이 평생 지켜 온 습관 중 하나가 저녁 9시에 잠자리에 들어서 새벽 3시경에 일어나는 습관이다. 새벽에 일어나서 조용한 가운데 자기만의 시간을 갖고 독서와 공부를 해 왔는데 많은 성취를 했다고 한다.

습관을 잘 만든 사람들은 건강이나 사회생활 등 모든 것에 긍정적으로 작용하는 것을 자주 보면서 살아왔다. 그러면 어떻게 하면 좋은 습관을 만들어 갈 것인가? 습관이 바뀌면 운명이 바뀐다.

습관을 변화시키기 위한 동기 부여

처음에는 우리가 습관을 만들지만, 그다음에는 습관이 우리를 만든다고 한다.

아이들은 어릴 때부터 습관 만들기를 시작하는 것이니 좋은 습관을 만들기가 비교적 쉽다. 그러나 다 큰 아이들이나 성인은 습관을 변화시킨다는 것이 참 힘들다. 그동안 해 오던 관성이 있어서 하던 대로만 하려고 한다.

습관을 바꾸기 위해서는 자기 스스로 기존 관행의 틀을 감히 깨트리고 뛰쳐나와야 한다.

아이들이나 성인이 습관을 바꾸기 쉬운 방법으로는 다음과 같은 것이 있다.

자기가 간절히 원하는 꿈이 있어야 한다

예를 들어서, 영어 공부를 열심히 해서 토익 점수를 몇 점으로 달성할 거라는 목표라든가, 건강을 위하여 매일 운동하는 습관을 만들어서 튼튼한 몸을 만들겠다는 간절하고 절실한 동기 부여가 필요하다.

필자 주변의 지인은 과도한 비만으로 건강이 안 좋아지니, 그렇게 좋아하던 술을 끊고 1년 동안 20kg을 감량하겠다는 목표를 세우고 식이 조절과 운동을 하고 있다. 5개월 만에 1차로 10kg을 감량하였고 나머지 10kg의 감량을 위하여 열심히 노력하는 중이

자식과 이별하자

다. 본인의 생각도 평소 생활 습관을 바꾸기 위한 동기 부여가 매우 중요하다고 한다.

그동안 과도한 음주와 무절제한 식습관이 비만의 원인이었다고 생각하여, 건강을 위해서 동기 부여를 하고 20㎏ 감량이라는 목표를 세워서 생활 습관을 바꾸고 노력하여 성공의 길을 향하여 나아가고 있는 것이다. 체중을 감량하니 몸이 아주 가벼워지고 움직임이 수월해져서 더 많은 운동을 하게 된다. 관성의 법칙이 딱 들어맞는 것 같다.

그 꿈을 이루기 위하여 단기, 중기 목표를 수립하도록 한다

예를 들어서, 처음 한 달 동안은 5분씩 하고, 두 번째 달부터는 20분, 30분씩 목표를 늘려나가는 것이다. 이제 그 목표에 따라서 매일 실행하고 아이가 매일 실행하는 것에 대하여 부모는 칭찬과 격려를 해 주는 것이 필요하다. 요약하면 이러하다. 첫째, 동기 부여인 꿈과 희망을 가진다→둘째, 목표를 정한다→셋째, 매일 실행한다→부모의 칭찬→지속적인 습관 들이기 성공.

습관 바꾸기 1530 법칙

우리 아이들에게 좋은 습관을 만들어주는 데 거창한 이론은 필요 없다. 아이들이 거부감 없고 쉽게 몸으로 체득하며 즐겁게 좋은 습관을 만들어 가는 것이 핵심이다. 일단 아이들이 꼭 해야 할 필수 습관부터 만들어 보자.

한번에 여러 가지 습관을 만들려고 하지 말고 하나씩 천천히 만들어 가면, 삶의 좋은 경쟁력을 갖게 되고 그것은 곧 성공으로 인도하는 습관이 될 것이다.

머리가 거부하지 않게 하자

우리 모두 좋은 습관을 만들기 위해 여러 차례 시행하다가 작심삼일로 끝난 경험이 많을 것이다. 습관을 하루아침에 바꾸는 것은 참 어렵다. 왜 실패하게 될까?

그 이유는 우리의 뇌는 무언가 새로운 변화의 조짐을 느끼면 위기로 인식하고 일단은 거부하기 때문이다. 기존의 습관에서 다른 습관을 만들려고 하면 새로운 행동을 해야 하는데, 우리 몸은 평소에 하지 않던 것들에 대해서 당연히 거부 반응을 보이게 된다. 그래서 그동안 안 하던 새로운 습관을 들이기 위해서는 우리의 몸이 변화를 인식하지 못할 정도의 아주 작은 것부터 실행을 시작해야 한다.

처음부터 매일 운동을 한 시간씩 하지 말고 하루에 팔굽혀 펴기 5번 하기 등 좋은 습관을 만드는 방법은 아주 조금씩 서서히 변화를 시켜 나가야 성공이 가능하다. 예를 들어, 걷기 습관도 처음부터 많이 걸어서 힘들면 뇌가 이런저런 이유를 붙여서 그만 중지하자는 명령을 내리게 되고 점점 하지 않게 된다. 그러나 하루에 2~30분 정도의 가벼운 산책부터 시작하면 뇌는 오히려 힘들지 않고 가벼운 새로움에 적극적으로 호응할 것이다.

　　　　　　　　　　　　　　　자식과 이별하자

필자의 경우는 헬스가 건강에 좋다는 것은 오래전부터 알고 있었고 그동안 몇 차례 시도했지만 모두 실패했다. 실패한 이유는 어이없게도 무리한 욕심 때문이었다.

처음에 등록하고 헬스장에 가서는 첫째 날부터 재미도 있고 욕심도 나고 하여 여러 가지 기구를 한꺼번에 많이 하게 된다. 둘째 날도 가서 욕심이 나서 무리하게 하고 만다. 그러면 셋째 날부터는 몸살이 나기 시작해서 일주일 넘게 고생을 하고 나면 그다음은 가고 싶지 않아서 포기하게 된다.

몇 번의 실패 끝에 2년 전에 다시 시작할 때는 처음 시작할 때부터 하루에 5분에서 10분씩 아주 조금씩 서서히 시도했다. 내 몸이 거부감을 느끼지 않도록, 또 몸살 나지 않도록 아주 조심해서 몸에 익혀 나갔다. 의욕이 너무 앞서서 욕심을 부리게 되는 것을 철저히 배제하고, 무리하지 않게 서서히 하는 습관을 30일 정도 들이니 몸살 한 번 없이 지속해서 하게 되었다.

아주 작게, 잘게 부셔서 하자

목표를 설정하되, 부담 없이 바로 할 수 있는 작은 행동으로 쪼갠다. 우리가 습관으로 변화하려는 목표는 삶에 있어서 건강이나 부자 되기 등 큰 목표이다. 하지만 그 목표 달성을 위한 시작은 처음에는 뇌가 거부하지 못할 아주 작은 행동으로 잘게 쪼개야 한다. 그래야 하기 쉬워진다. 작은 성취가 쌓여서 큰 성취가 이루어지는 것이다.

예를 들어, 우리 아이가 1년에 책 12권을 읽게 하는 게 목표라면 그 시작은 하루에 5분 동안 책 읽기, 또는 하루에 5장 읽기부터 시작하는 것이다.

필자의 손주는 다른 일상생활에서는 문제가 없지만, 책 읽기를 너무 싫어했다.

아이와 이야기하면서 동화책을 하루 5장씩 읽을 수 있겠느냐고 하니 하루에 5장씩은 읽겠다고 하여 한 달 정도를 지속했더니 이제는 하루에 30분 이상 책을 읽게 되었다. 조금만 더 습관을 들이면 하루에 한두 시간도 충분히 가능하리라 생각한다. 처음 시작은 별거 아닌 것처럼 해야 지속할 수 있다.

습관을 바꿀 수 있는 여건을 만들어 보자

우리가 바꾸고자 하는 습관을 쉽게 실행할 수 있는 환경을 만들어 주어야 한다. 우리가 만들려고 하는 습관을 일상 속에서 언제든지 실행할 수 있는 여건을 만들어 주는 것이 중요하다.

그 습관을 시작하기 위해서 사전에 준비해야 할 것이 많다면, 채 시작도 하기 전에 머리에서 하기 싫다고 거부하라고 몸에게 명령할 것이다.

필자도 하루에 턱걸이 5개를 하는 것이 목표인데, 서재 입구 문에 턱걸이 바를 설치해 놓고 오며 가며 하다 보니 하루에 열 번을 더 하게 된다. 무엇을 하든 환경이 중요하다. 아이들에게 팔굽혀펴기를 시키고 싶다면 푸시업 바를 일정한 장소에 설치해 두고 오며 가며 항상 할 수 있도록 여건을 만들어 주는 것이 필요하다.

　　　　　　　　자식과 이별하자

1일 5분씩 30일 동안만 지속해 보자

좋은 습관을 만드는 것은 어렵게 할 필요가 없다. 다만 시작하기가 어려우면 실패할 가능성이 높다. **필자가 주장하는 '1530 법칙'이란 1일 5분씩 30일간 계속하면 대부분의 습관이 형성되는 것을 실제 경험에서 확인하여 착안한 것이다.** 몸을 습관화하는 데는 거창한 이론이 필요하지 않다. 우리는 지극히 간단하고 단순한 방법으로 몸을 훈련해야 한다. 몸으로 단련한 것만이 잊히지 않고 계속할 수 있다.

'하루 5분씩 가지고 되겠어?' 이렇게 생각할지도 모르지만, 매일 5분 혹은 다섯 번의 힘은 생각보다 크다. 그것이 좋은 일이든, 좋지 않은 일이든 매일 지속하면 그것은 습관이 된다. 계속하다 보면 불과 얼마 지나지 않아서 5분이 10분이 될 것이다.

우리의 뇌는 일정한 행위를 지속적이고 반복적으로 하면 특별히 의식하지 않아도 자동으로 행동하도록 의식화해버린다. 이것이 습관이다. 이 행동이 좋은 일이든, 좋지 않은 일이든 우리의 뇌는 일정 기간 반복되는 행위는 몸으로 체득하고 행동으로 나타내는 것이다.

필수 습관부터 바꾸어 보자

아이에게 꼭 필요한 필수 습관은 반드시 만들어야 한다. 예를 들어, 저녁 취침 시간과 아침 기상 시간, 식습관, 숙제나 일기 쓰기, 양치질하기 등은 필수 습관이다. 이런 습관을 성공적으로 잘 만들면 그다음 단계의 필요한 습관을 조금씩 서서히 만들어나가야 한다.

1530 법칙의 효과

우리 아이들의 습관을 1530 법칙에 의하여 한 가지씩만 변화시키는 데 성공하면, 그다음부터는 뇌가 성공하는 습관에 스스로 적응하면서 새로운 습관에 쉽게 적응한다.

필자의 6살 손주는 처음에 어린이집에 가기 싫다고 울고불고했다. 그러나 5일 정도 지속해서 갔더니 아침이 되면 스스로 가야 한다는 생각이 들고 한 달이 되니 완전히 습관이 된 것 같았다. 어릴 때의 좋은 습관 형성에 아이들의 밝은 미래가 달린 것이다.

아이가 좋은 습관을 잘 지켜나갈 때마다 부모의 보상이 필요하다. 물질적인 보상이 아니라 칭찬과 격려 한마디에 그 아이는 지속할 힘을 얻는다. 손주들의 습관을 만들어 가는 과정을 본다.

서울에 사는 6살짜리 손주는 매일 한 단어를 외운단다. 5일이 되면 하나의 문장이 완성된다. 또, 10살짜리 손녀는 매일 수영하는 습관을 들였고 8살짜리 손주는 줄넘기를 매일 조금씩 하는 습관을 들이더니 이제는 5분 이상을 틀리지 않고 다양한 방법으로 줄넘기를 한다. 또 다른 6살짜리 손주는 인스턴트 식품을 안 먹는 습관이 들었다. 어쩌다 과자를 한 번씩 먹으라고 권하면 칼로리가 높아서 안 먹는다고 한다. 조금씩 시작하는 습관의 힘의 무서움을 많이 느낀다. 반대로 안 좋은 습관이 이렇게 계속 쌓이게 된다면 어떻게 될까? 모든 것은 습관이다. **습관은 우리의 운명을**

자식과 이별하자

결정하는 가장 강력한 요소이다.

　나는 우리 손주들에게 만들어 주고 싶은 습관이 많다. 독서 습관, 팔굽혀펴기 습관, 영어 단어 외우기, 품격 있는 언어 습관 등이다.

4. 안 좋은 습관은
빨리 던져 버리자

주변의 많은 사람을 보면 참 안 좋은 습관을 지닌 사람들이 의외로 많다. 필자가 참여하는 모임에 가면 습관적으로 다리를 떠는 사람이 있다. 하도 보기 안 좋아서 주의를 주면 그때뿐이다. 옆에 있는 사람도 불안하고 불편하다.

다리를 떨면 복이 나간다고 하고 사업도 잘 안 되니 떠는 습관을 고쳐야 한다고 이야기해 주고 책상에 앉을 때는 하루에 5분씩만 밴드를 가지고 다리를 고정하라고 이야기했더니, 약 한 달 정도 계속 노력하더니 이제는 거의 고쳤다고 한다.

또 어떤 지인은 식사할 때마다 쩝쩝거리는 소리를 내면서 요란하게 식사를 한다. 일견 보면 맛있게 먹는 것처럼 보이지만, 여러 사람에게 불쾌감을 줄 수 있다. 사람은 나이가 40세가 넘으면 습관과 결혼해버린다는 이야기가 있듯이, 습관을 고치는 것은 정말로 어렵다.

모임에서 만난 한 분은 저녁에 술을 먹고 집에 가면 꼭 라면을 하나씩 먹는 습관이 있다고 한다. 밖에서 술과 안주를 많이 먹는데도 불구하고 먹지 않으면 잠이 오질 않는다는 것이다. 몸은 비만이고 대사 증후군 질환이 있는데 본인도 참 안 좋은 습관임을 알면서 오랫동안 먹어 오던 습관을 끊기가 너무 어렵다고 한다. 아마 탄수화물 중독인 것 같다.

필자는 그분에게 오늘 집에 가서 일단 딱 한 번만 끊어 보라고 했다. 오늘 저녁만 끊고 내일 저녁은 먹기로 하고 처음부터 완전히 끊을 수 없으면 일단 격일제로라도 하라고 하니 그러겠다고 했다. 한 달 정도 반복하더니 술도 줄이고 라면은 일주일에 한두 번 먹게 되었다고 했다.

딱 한 번의 참는 고비를 넘겨야 한다. 어릴 때부터 좋은 습관을 들여야 하는 것은 당연하지만, 안 좋은 습관도 고쳐야 한다. 늦은 때란 없다고 생각한다.

아이들에게는 교정해야 할 습관을 부모가 일방적으로 정하여 강제하지 말고 먼저 아이들이 이해하고 수긍해야 부작용 없이 빨리 교정이 가능하다. 그리고 아이들과 교정해야 할 습관을 정하고 잘 실행해 나가면 칭찬과 격려를 해 주는 것이 무엇보다 중요하다.

제3장

창의력과 건강은 좋은 생활문화에서 시작된다

많은 경험과 넓은 시야를 가지고 창의력 키우기

"우리 아이들에게 언젠가는
저 푸른 하늘을 향하여 힘차게 비상하는
독수리의 기상을 가지고 있어야 한다고 말해 주자."

※ 끼와 창의가 결합할 때

끼와 창의는 불가분의 관계이다. 끼가 있으면 창의가 생기게 되고 창의가 있으면 끼가 발산된다. 창의와 끼는 따로따로가 아니다. 함께 상생하고 발전한다. 서로 시너지효과를 발휘한다.

나는 우리 손주들이, 나아가서는 우리의 많은 아이가 저마다 타고난 자기만의 끼를 찾기를 간절히 바란다. 사람은 누구나 분명 타고난 끼가 있을 것이다.

수많은 사람이 죽을 때까지 자기만의 고유의 끼를 발견하지 못하고 사라진다. 도대체 나의 끼는 무엇일까? 내가 가장 잘하고 즐겁고 재미있고 신명나는 나만의 끼는 무엇이고 어떻게 찾아야 하나? 자기만의 끼를 찾아서 창의와 함께 결합하게 되면, 이 세상에서 한바탕 신나는 굿판을 벌일 수 있을 것이다. 그 끼는 어떻게 찾아야 하나? 어른이 되어서도 못 찾는 사람이 많다. 반면에 어린아이일 때부터 우연히 그 끼를 찾아서 큰 성공을 이루는 경우도 많다.

아니, 그래도 그보다는 평생 동안 살아가면서 그 끼를 찾지 못하고 이 세상을 떠나는 사람이 거의 대다수일 것이다. 큰 성공은 아니어도 나만의 적당한 끼를 발견하고 평생을 즐기고 산다면, 그것도 성공한 인생이 아닐까?

나는 저마다 타고난 우리의 소중한 끼와 창의를 찾기 위해서는 어릴 때부터 많은 경험과 다양한 놀이를 통해야만 가능하다고 생각한다.

본인이 직접 접해 보지 않고서는 내가 좋아하고 즐거워하는지 알 수 없다. 우리가 자기 안에 내재한 끼를 쉽게 발견하기가 어려운 것은 현실적으로 많은 경험을 해 보는 것이 물리적으로 어렵기 때문이 아닐까 한다.

그러다 결국 나이가 들어서 자신의 삶을 억지로 선택받고 살아가야 하는

게 우리의 인생이다. 그래서 우리 부모들은 아이들이 어릴 때부터 삶에 큰 지장이 없는 한 많은 경험을 하게 해 주고 부모가 함께 끼를 찾으러 떠나 봐야 한다. 분명 좋은 결과가 있을 것이다. 끼를 찾으러 함께 떠나 보자.

1. 창의력을 키우는
여러 가지 방법

"창조는 지능이 아니라 놀기 본능을 통해서 달성된다."라는 샐리워드 박사의 말과 같이 아이들은 어려서부터 잘 놀기와 다양한 경험을 통하여 여러 새로운 사실을 느끼고 깨닫게 되는 것 같다. 실제로 손주들이 자라는 것을 보면 아이들이 공부에 의해서 창의성이 계발되는 것보다는 책 읽기나 일상생활 속에서의 여러 가지 다양한 놀이를 통해 숨어 있는 잠재력이 개발된다는 생각이 많이 든다.

손주들이 노는 모습을 보고 있다가 '저 애들이 저렇게도 생각하고 응용하는구나!' 하는 새로운 발견을 하는 때가 종종 있다.

"창의성 교육에 우리의 미래가 있다."라는 이야기는 이미 오래전부터 강조되어 왔다. 4차 산업의 혁명과 또 세계를 크게 변화시킬 코로나 사태까지 새로운 뉴노멀이 전 세계를 매우 빠르고 급속하게 변화시킬 것이다. '이 빠르게 급변하는 세상에서 과연 우리 아이들은 어떤 교육을 받고 자라야 이 세상을 잘 살아갈 수 있을 것인가?'는 많은 부모의 고민이 아닐 수 없다.

앞으로의 전개될 세상은 우리 가 보지도, 듣지도 못한 세상이고, 우리는 그런 세상에서 살아가게 될 것이다. 이렇게 빠르고 복

자식과 이별하자

잡하게 변화하는 세상인 만큼 새로운 발견과 문제 해결에 능통한 뛰어난 인재를 필요로 하게 된다. 이미 많은 나라에서 창의성은 선택이 아니라 필수로 받아들이고 있으며, 어릴 때부터 창의력을 키울 수 있도록 다양한 교육에 힘쓰고 있다.

그런데 창의력이란 것은 어느 책을 한 권 읽는다고 해서 갑자기 생기는 것도 아니고 기계에 들어갔다가 나오면 생기는 것도 아니다.

창의력이란 다양한 방법으로 생각하는 힘을 기를 수 있도록 하기 위함이다. 우리 아이들은 학교라는 공교육을 시작하면 학교 공부도 해야 하고 각종 학원에 다니면서 정해진 스케줄에 의해 정말 바쁘게 움직여야 한다. 그렇게 온종일 공부하는 기계로서 일정을 소화하고 나면 또 집에 와서 숙제를 해야 하는 것이 우리 아이들의 현실이다.

우리 부모의 궁극적인 목표는 아이가 공부를 잘해서 대기업에 취직하거나 공무원 시험에 합격하는 것이 아닐까 싶다. 지금 우리나라가 공시생들이 가장 많다고 하는 보도를 본 적이 있다. 우리나라의 최고의 대학을 졸업하고서도 많은 젊은이가 공무원 시험에 올인하고 있다고 한다.

그 뛰어난 인재들이 전부 관료나 월급쟁이가 된다면 과연 이 나라가 제대로 발전할 수 있겠는가 하는 걱정이 많이 된다. 세계적인 대기업의 오너들은 남들이 미처 생각하지 못한 참신한 창의성으로 당대에 세계 최고의 기업을 이룬 경우도 적지 않다.

이 글에서는 아이들과 부모가 함께 가정생활이나 여행 등 다양한 생활 속에서 여러 가지 직간접 경험을 통해 창의성을 기르는 방법을 알아보고자 한다. 또한, 그동안의 학교와 학원의 다람쥐 쳇바퀴 도는 듯한 일상에서 벗어나 더욱더 넓은 세상에서 직접 도전해서 실패도 해 보고 성취도 해 봐야 한다. 그리고 중요한 것은 아이들이 창의성을 기르는 것도 재미가 있어야 한다는 것이다. 재미도 있고 즐거움 속에서 창의성을 길러야 성공할 수 있다.

"해 보지 않으면 알 수 없다. 최대한 많이 해 보게 하자."

자식과 이별하자

2. 다양한 창의력을 키워 주는
캠핑

불과 수년 전만 해도 바닷가나 산속 경치 좋은 곳으로 펜션을 빌려서 가족여행을 많이 떠났으나, 근래는 코로나의 영향 등으로 다중 인원이 모이는 밀집 장소를 피하여 한적한 곳에서 가족 캠핑을 많이 하고 있으며, 특히 캠핑카 개조가 가능해져 차박 등의 캠핑 인구가 급증하는 추세이다.

도시 속 한 공간에 살 때는 온 가족이 식탁에 둘러앉아서 밥을 먹거나 휴일에 함께 모여서 이야기를 나누기도 쉽지 않지만, 캠핑하러 가면 가족이 함께 텐트를 치고 요리하고 밥을 먹으면서 그동안 하지 못했던 대화를 자연스레 나눌 수 있다.

또 푸른 숲으로 둘러싸인 자연환경 속에서 맑은 공기를 마시며 휴식하는 캠핑은 정말 좋은 휴식이자 힐링이다.

캠핑하러 간다고 하면 주변에서는 힘들게 사서 고생하느냐고 말하지만, 조금은 불편해도 자연 속에서 쉬면서 온 가족이 함께 시간을 보낼 수 있다는 것은 정말 즐거운 일이다.

무슨 일이든 마찬가지이지만, 시도해 보지 않은 사람들에게는 쉽게 나서기가 꺼려지는 것이 캠핑이다. 이것저것 준비해야 하고 장비도 갖추어야 한다. 경험상 비싸고 좋은 장비는 필요 없다. 저렴하지만 자신의 캠핑 스타일에 맞춰서 필요한 최소한 장비들만으로 구성해서 가면 되는 것이다.

나와 가족의 휴식과 힐링을 위해서 여행을 가는 것이지, 남에게 보여 주기 위하여 가는 것이 아니다. 또한, 캠핑하면서 편안함만을 추구하지 말고 어느 정도는 불편을 감수하는 것이 캠핑 생활의 묘미이다.

필자의 30대 후배는 수도권에서 직장생활을 하고 있는데 차박 캠핑을 위하여 연결 텐트와 필수 장비 몇 가지를 저렴한 가격에 구입하여 자녀 2명과 함께 캠핑을 시작했다. 주중에 답답하게 지내다가 주말에 도심 근교 야외로 나가면, 아이들도 좋아하고 온 가족이 주말을 기다린다고 한다.

캠핑 시 꼭 참고해야 할 한 가지 사항이 있다면 **캠핑 노트**를 만들어 보기를 권한다는 것이다. 종이 노트도 좋지만, 그보다 더 좋은 것은 가족 블로그나 밴드 등 여러 소셜 미디어를 활용하여 사진을 찍고 글을 쓰는 것이다. 아이들이 직접 해 보면 아주 재미있어하고 즐거워할 것이다. 덤으로 글쓰기 실력도 발전하는 등 여러 가지 좋은 점이 많다.

자식과 이별하자

캠핑의 좋은 점

사계절의 낭만 속에서 꿈꾸는 상상

우리는 산이나 바다 등 자연을 즐기기 위해서 여행을 가지만, 대부분 눈으로 보는 것에 만족하고 숙박은 콘도나 펜션을 이용한다. 하지만 캠핑은 자연을 눈으로 보고 몸으로 느끼면서 자연 속에서 가족이 함께 직접 식사도 만들어 먹으면서 생활하기 때문에 처음부터 끝까지 자연과 함께할 수 있다.

봄에는 텐트 밖에서 자라나는 예쁜 새싹을 볼 수 있고, 여름에는 물놀이를 즐길 수 있으며, 가을에는 텐트 속에서 낙엽이 떨어지는 소리와 귀뚜라미와 풀벌레 우는 소리를 들을 수 있고, 겨울은 겨울대로 눈의 낭만을 즐길 수 있다. 또 밤에는 아이들과 인적이 없는 캄캄한 곳에서 밤하늘의 아름다운 별과 운무를 볼 수 있다. 바야흐로 가족이 함께하는 최고의 낭만이자 행복이다. 아이들은 동화 속 같은 나라에서 마음껏 상상의 날개를 펼칠 것이다.

가족들만의 행복한 시간

캠핑은 부모와 아이들이 매일 같이 틀에 박힌 일상생활 속에서 정신없이 바쁘게 살다가 자연 속에서 일정에 쫓기지 않고 여유롭게 커피도 마시고 동화책도 읽으며 자유롭게 시간을 보낼 수 있는 일상의 탈출구이다.

부모 역시 평소에 바쁘게 살아가다 보면 자식과 눈 한 번 따뜻하게 못 맞추고 살아가는데, 캠핑은 서로 눈을 맞추고 이야기할 수 있는 우리만의 소중한 시간을 오롯이 가족과 함께 보낼 수 있다는 장점이 있다.

모두 함께 힘을 모아서 텐트를 치고 요리하며 즐거운 놀이와 함께 어떠한 방해도 받지 않고 시간에 쫓기지도 않으면서 가족들과 즐거운 추억을 쌓을 수 있는 행복한 시간이다.

자연 속에서 마음껏 뛰어놀 수 있다

캠핑장은 어른들만의 힐링 공간이 아니다. 오히려 어른들보다 아이들이 일상을 탈출해서 더욱 여유를 즐길 수 있는 곳이다.

아이들은 캠핑하러 가서 학교와 학원을 오가며 받았던 스트레스를 해소하고 자연 속에서 스스로 노는 법을 터득하기도 하고 놀이를 배우기도 한다. 아이들은 자연과 접하면서 창의력을 발휘해 스스로 놀잇거리를 만들며 시간을 보낸다.

흙에서 뒹굴며 옷을 더럽혀도 혼나지 않고 자연 속에서 마음껏 뛰어놀 수 있기 때문에 아이들은 더욱더 자유로움에 빠져든다. 더불어 아이들은 어른을 도와서 텐트를 치고 자기가 먹을 요리를 준비하거나, 부모를 도움으로써 협동심과 사회성을 기른다. 그리고 갑작스럽게 닥치는 기상 변화나 사건, 사고 등을 통해서는 위기 대처 능력을 배울 수 있다. 부모는 아이의 안전 이외에는 간섭하지 말고 최대한 자유롭게 해 주어야 한다.

야외에서 먹는 음식은 꿀맛이다

굳이 텐트를 치지 않아도 그늘막이나 돗자리 하나 가지고 나가서

자식과 이별하자

야외에서 먹는 밥은 꿀맛이다. 반찬이 중요하지 않고 밥이 설익어도 자연 속에서 먹는 밥은 아이들에게는 너무 좋은 기억으로 남을 것이다.

평소에 식욕이 없거나 반찬 투정하는 아이들도 캠핑하러 가면 식욕이 절로 왕성해지고 거의 모든 음식이 맛있고 즐거운 것이다. 또 캠핑장에서는 대부분 불을 사용할 수 있어서 아이들과 함께 불을 피우고 요리도 직접 해 보는 즐거움이 있다. 실제로 필자의 손주들도 집에서는 김치를 잘 안 먹더니 야외에 나가니 너무 잘 먹는다.

모두가 행복한 캠핑법

캠핑하러 가서는 아빠, 엄마만 고생하지 않도록 하고 가족 모두 함께 일한다는 원칙을 세우고 아이들에게는 학교나 집보다 캠핑장이 더 지루하지 않도록 배려해야 한다. 처음 캠핑을 하면 당연히 힘이 들고 고생스러울 수 있지만, 가족이 조금씩 양보하고 함께 힘을 합치면 캠핑은 그 어떤 휴식이나 교육보다 값진 시간이 될 것이다.

첫째, 서로 잘할 수 있는 분야를 맡아서 책임을 지고 해보자. 예를 들어, 텐트를 치고 나무에 불을 피우는 일은 아빠와 아들이 하고 엄마와 딸은 요리 준비를 하는 식이다. 아이들은 캠핑에서는 평소에 하지 않았던 일도 해 보고 새로운 것에 도전해 보기도 한다. 캠핑은 모두가 함께 노력해서 즐기고 오는 데 의미가 있다.

아이들에게도 할 수 있는 적당한 일을 맡겨서 해 보도록 하는 것이 좋다. 엄마는 캠핑장에서 요리하는 것을 아이들의 도움을 받아서 같이 재미있게 하고, 아빠도 요리에 참여하여 같이 하면 아이들도 더 좋아한다. 아이들은 부모를 도와 거들면서 학교나 학원에서 배울 수 없는 사회성과 협동심, 책임감을 기를 수 있다.

둘째, 처음부터 캠핑 장비를 너무 완벽하게 준비하여 시작하려고 하지 말고, 가족에게 꼭 필요한 것 몇 가지만 갖고 시작하면서 필요에 따라서 서서히 늘려 가는 것이 좋다. 처음에는 캠핑 장비 대여 업체를 이용하는 방법도 있고, 저렴한 캠핑 장비들로 소박하게 시작해서 적응해 나가면서 장비 다루는 법을 익히고, 점차 좋은 장비로 바꾸면 캠핑의 참 매력을 느끼게 될 것이다.

바다와 산, 밤하늘은 아이들의 꿈이다

캠핑하러 가기 전에는 미리 산속 자연 휴양림이나 바다가 있는 곳으로 장소를 정하고 떠나게 되는데, 만약 자연 휴양림으로 왔다면 아이들에게 아름다운 자연을 배우게 해 주는 것이 좋다. 아이들에게 나무와 새소리, 아름다운 야생화와 벌레 소리와 함께 부모와 천천히 산보하면서 자연에 관한 여러 이야기도 나눌 수 있으니, 아이는 그 와중에 잠재의식 속에 좋은 상상의 그림이 만들어질 것이다.

자식과 이별하자

자아를 형성하는 시기라면 더욱더 좋을 것 같다. 가까운 바닷가에 가게 되면 갯벌에서 여러 가지 체험을 해 볼 기회가 많다. 얼마 전에는 손주들이 바다에 가서 조개도 캐고 게도 잡고 파래도 채취해서 가져왔는데, 아이들은 이렇게 바다에 한 번씩 갔다 오면 많이 성장하는 것 같다. "할아버지. 이 게, 내가 잡은 거예요!" 하고 자랑도 한다. 또 파도가 밀려오는 바닷가에서 부모와 함께 파도 놀이도 하고 좋은 경험과 추억을 많이 쌓고 온다. 다음 주말에 또 가자고 한다.

아이들은 인위적인 놀이터보다 자연에서 놀 때 더 많은 것을 생각하는 것 같다.

아이들과 함께할 놀이 준비

재미있고 즐겁게 잘 놀아야 창의성도 함께 발달한다.

캠핑하러 갈 때는 아이들과 함께할 놀이 장비를 준비해 가는 것이 필요하다. 현지에서 즉석으로 돌을 세워 놓고 넘기는 놀이도 있고 종이컵과 나무젓가락으로 투호 놀이와 윷놀이도 하는 등, 여러 가지로 아이들의 기호나 여건에 맞게 준비를 해가는 것이 캠핑 일정을 알차게 보내는 방법이다.

부모가 사전에 계획을 잘 세우고 준비하면 협동심, 책임감, 질서, 자연 사랑 등 여러 가지 효과를 거둘 수 있을 것이다. 자녀의 효과적인 교육을 위하여 부모의 재미있는 아이디어가 필요하다.

어느 캠핑 마니아는 아이들에게 캠핑만큼 창의성을 길러 주는 것은 없다고 생각해서 매월 한두 번 정도는 꼭 캠핑하러 간다고 한다. 자주 하다 보니 이제는 아이들이 모든 것을 척척 알아서 잘 한단다.

필자는 지난 여름방학 때 가족 모두 바닷가에 캠핑하러 갔다. 모래사장에서 여러 가지 놀이도 하고 고기도 구워 먹고 하였지만, 핵심 놀이는 가족 모두가 낚시를 하는 것이었다. 손주들도 낚시해야 하니 아이들 낚싯대에다가 미끼를 끼워 주는 것이 신경 쓰였지만, 조그마한 고기라도 한 마리 낚아 올리면 환호와 함께 박수도 쳐 주곤 했다.

아이들로서는 낚시가 처음이니 재미있어하고 고기를 낚는 스릴도 맛보게 된다. 반찬이 없어도 밥을 잘 먹고 필요한 것은 스스로 구해 오기도 한다. 캠핑을 마칠 때는 모두 짐을 하나씩 들고 운반도 한다. 이것이 자연과 함께 여러 가지를 한꺼번에 배우는 산교육인 것 같다.

캠핑장에서 배우는 질서

캠핑장에서는 아이들이 자연스럽게 타인과 협동하고 배려하는 모습도 볼 수 있다. 자연 속에서 여러 가지 다양한 경험을 함으로써, 자연과 더불어 자연을 사랑하고 자연에 피해를 주지 않는 예

자식과 이별하자

절을 배운다. 또한, 캠핑장에는 화장실, 샤워실, 온수 사용 등 여러 가지 질서를 지켜야 할 일들이 많다. 순서를 지킨다든지 깨끗하게 사용하기, 남에게 피해를 주지 않기 등 아이들이 사회생활을 하는 데 필요한 여러 가지 다양한 인간관계를 많이 배울 수 있는 곳이 캠핑이다. 캠핑은 종합적인 삶의 축소판이다. 짧은 시간에 많은 것을 배우고 느낄 수 있는 장점이 많다.

캠핑할 때 꼭 조심해야 할 것들

요즘은 전 세계의 기상이변으로 인해 특정 지역에 갑자기 물 폭탄이 쏟아지는 일이 비일비재하다. 그럴 때는 미처 대피할 시간이 없다. 캠핑에서 제일 중요한 것은 텐트 설치 장소를 잘 선정해야 한다는 것이다. 여름에는 특히 계곡으로 많이 가는데, 텐트는 계곡 내에 설치해서는 안 된다.

산 아래에서는 비가 오지 않지만, 높은 산에는 폭우가 쏟아질 수 있기 때문에 자칫하다가는 자다가 무방비 상태에서 사고를 당할 수 있다. 지난 1998년 지리산 대원사 계곡에는 산 위쪽의 폭우로 삽시간에 계곡물이 불어나 한꺼번에 큰물이 몰려오는 바람에 많은 인명 피해가 발생했다. 캠핑은 즐겁고 좋지만, 방심하다가는 불의의 사고를 당할 수 있다. 야영하는 곳의 지형지물을 잘 살펴보고 산사태나 홍수 위험 지역을 피하는 등 안전을 최우선으로 확보하자. 안전은 평소 습관이다.

3. 넓은 세상에서 배울 게 많은 해외여행

　미혼 남녀는 경제적인 여건과 직장 문제만 해결되면, 시간과 장소에 구애받지 않고 자유롭게 여행을 떠날 수 있다. 그러나 막상 결혼하여 가정을 꾸리고 출산 후에는 여행하기가 매우 어렵다. 여행을 좋아하는 젊은이들은 아이가 조금 커서 유아기라도 되면 유모차에 태워서 가는 사람도 있고, 아직 혼자서 앞가림도 못 하는 아이를 동반하는 사람도 보인다. 여행 사진을 찍어 SNS에 올리고 자기만족을 하는 사람들도 많지만, 아이와 함께하는 여행은 아이의 교육적 차원에서 견문도 넓히고 다른 세상을 보여 주는 소중한 기회가 될 것이다.

　아이와 함께 해외여행을 하면 좋은 점이 여러 가지이겠지만, 국내의 모든 일상생활에서 벗어나 색다른 문화와 생활 모습을 통해 사고의 폭을 넓히는 소중한 계기가 된다는 점에서도 중요하다. 한편으로는 다른 나라의 문화와 역사를 둘러보고 다른 나라 아이들의 삶에 대한 간접 체험을 하는 기회도 될 수 있을 것이다.

　필자가 갔던 캄보디아 어린이들의 삶을 우리 아이들이 보게 된다면, 풍족하게 누리고 사는 우리 아이들이 많은 생각을 하게 될 것

자식과 이별하자

이다.

손주들이 '한 끼 식사의 소중함과 의미'를 알게 될 나이가 되면 기회를 만들어서 꼭 같이 가 보고 싶다. "할아버지도 어릴 때 저렇게 살았고, 너희들도 열심히 노력해서 저런 아이들을 도울 수 있어야 한다."라고 가르치고 싶다.

여행에 알맞은 나이와 시기는

아이와 함께 여행하면서 아이의 해외여행 경험이 장래 성장에 도움이 되려면 최소한 여행을 기억할 수 있는 초등학교 입학 후에 가는 것이 옳다고 생각한다. 너무 어린 유아기에 가면 아이는 아이대로 여행의 의미도 없이 고생만 하고 부모도 힘이 든다. 최소 8~9세 이상이 되었을 때부터 여행을 시작하는 것이 아이 경험과 교육에 효과적이라는 생각이 든다. 어릴 때 하는 여행은 성장기 두뇌의 발전에 크게 기여한다고 한다.

필자의 자녀들은 아이들이 아직 어려서 주로 리조트를 많이 이용하는데, 그것도 좋은 방법이다. 다양한 놀이와 시설을 경험하고 오면 그래도 아이들의 생각이 많이 발전하고 성장하는 것 같다.

아이가 방학 중에 가는 것도 좋은 방법이고 또 어떤 가족은 부모는 휴직하고 아이도 휴학하고 1년 정도의 기간을 정해서 떠나는 경우도 있다. 가족의 경제나 여러 가지 상황을 고려하여 가족들과 함께 의논하여 정하는 것이 좋을 것이다.

여행 중에 지켜야 할 기본예절을 미리 알려 주자

해외에 나가게 되면 보통 아이들이 귀염을 받게 되지만, 아이들이 기본적으로 지켜야 할 예절을 꼭 지키도록 미리 가르쳐야 한다. 인사 잘하기, 함부로 떠들고 뛰어다니며 남에게 피해 주는 행동을 하지 않도록 해야 한다. 외국인에게 귀염을 받는 것도 우리 아이들 하기 나름이다. 해외여행은 크게는 해외 매너를 배우는 공부이기도 하다. 필자가 여러 차례 여행하면서 보면 외국 아이들은 비교적 얌전한 것 같다. 특히 식당에서 뛰어다니거나 장난을 치거나 큰 소리를 내는 것을 거의 보지 못했다. 매우 어른스럽게 행동한다. 부모가 여행 출발 전에 아이들에게 미리 그 나라의 문화와 지켜야 할 예의를 사전에 가르쳐야 한다.

여행은 겸손과 예절 그리고 감사를 배우는 과정이다.

적당한 임무 부여

나이에 따라 다르기는 하지만, 나이에 맞게 역할을 주어야 책임감도 느끼게 되고, 성취감도 생기게 된다. 특히 여행하면서 기록을 남기지 않으면 여행의 의미가 반감된다는 생각이 든다. 많은 해외여행을 해 보았지만, 기록이 없으면 시간이 갈수록 많은 부분을 잊어버리게 된다. 그런 만큼 여행 기록은 매우 중요하다. 여행 사진을 찍고 SNS에 정리하는 임무를 자녀에게 맡기면 아이가 한

단계 더 발전하는 좋은 계기가 될 것이다. 적절한 책임과 역할을 통해서 아이 스스로 여행에 기여하고 즐기는 법을 자연스레 익힐 수 있다.

여행 목적지와 경로 탐색

아이와 여행을 계획하는 부모는 아이들과 해외여행을 함으로써 얻게 될 교육 효과를 기대하게 경우가 많다. 그러나 같이 가는 아이의 연령을 고려하지 않으면, 후에 해외여행에 대한 기억을 아예 하지 못하거나 부모나 아이 모두에게 힘들었던 기억으로만 남게 된다.

아이의 연령대를 고려하여 저학년이면 휴양지이면서 수영장이나 놀이 시설이 갖춰져 있는 곳으로 가야 하고, 아이가 어느 정도 대화가 된다면 아이의 관심도에 따라 코스를 정하는 게 필요하다. 일방적으로 부모가 원하는 목적지를 결정하는 것보다 목적지를 정한 이유와 이동 경로를 지도를 보며 설명해 주어야 한다. 아이가 더 크면 목적지를 아이와 함께 의논해서 정하는 것이 필요하다.

필자가 스페인에 여행을 갔을 때 휴게소에서 외국인 가족이 둘러앉아서 뭔가를 열심히 보고 있길래 옆에 가서 보니, 큰 지도를 펴 놓고 그림을 그려 가며 이동 경로와 목적지를 설명하고 있었다. 아이들에게 현재 위치와 가고자 하는 목적지 및 이동 경로를 설명해야 아이의 이해가 빠르고 힘들어도 참고 견딜 수 있다.

자세하게 설명해 주어야 배운다

여행을 갈 때마다 느끼는 것이지만, 그냥 눈으로만 보고 지나치면 많은 시간과 경비를 들여서 갔다 와도 기억 속에 남는 것이 아무것도 없다. 그냥 어디, 어디 갔다가 사진 찍고 왔다는 정도일 뿐이다.

눈으로 하는 여행은 아까운 돈 낭비와 고생만 하는 것이다. 여행에 대하여 미리 공부해 가면 어떤 새로운 것에 대하여 배우고 생각하게 만들며, 또 우리와의 차이점을 비교하게 만든다. 배우고 깨달을 것이 너무 많다. 특히 아이들에게는 부모가 자세하게 설명해 주어야 아이의 머릿속에 남는 게 있다. 어느 곳에 가도 인터넷이 되니 검색하여 아이에게 자세하게 설명해 주는 것이 필요하다. 사실 부모에게는 좀 귀찮기는 하겠지만, 어차피 부모 자신도 알아야 하는 일이 아닌가? 가족 모두에게 의미 없는 여행이 되지 않도록 노력이 필요하다.

필자의 막내딸 가족은 11살, 6살 아이들과 함께 베트남 여행을 갔는데 보는 것마다 질문을 너무 많이 해서 힘들었다고 한다. 그래도 어쩔 수 없다. 여행은 호기심이다. 배우고 싶고 알고 싶은 것이 많아야 한다. 그것이 우리 아이들을 성장시키고 발전시키는 여

자식과 이별하자

행이다.

"가장 중요한 것은 질문을 멈추지 않는 것이다. 호기심은 그 자체만으로도 존재 이유를 가진다. 신성한 호기심을 절대 잊지 마라."라고 했던 아인슈타인의 말을 새겨들어야 할 것이다.

참고 견디는 인내심을 배우는 기회

해외여행을 하다 보면 여러 가지로 불편하고 어려움이 많을 수밖에 없다. 집에서 생활할 때는 어려움이 없이 모든 게 쉽게 해결 가능하지만, 일단 떠나면 모든 것을 스스로 해결하거나 가족이 함께 해결해야 하는 등 어려움의 연속이다.

어떤 사건이 발생했을 때 부모가 쉽게 해결할 수 있는 일도 아이와 함께 의논하고 아이가 할 수 있는 것은 아이가 직접 해 볼 수 있도록 해야 한다. 여행 중에 맞닥뜨린 상황들을 하나하나 해결해 나가다 보면 자신감도 생기고 성취감도 생긴다.

해외여행은 하루하루가 새로운 나날이며 똑같은 일과가 반복되지 않는다. 여행 중에는 부모와 자녀 간에 대화할 시간이 많다. 가족은 한집에 살면서 가장 잘 아는 것 같지만, 모르는 부분이 많은 것도 사실이다. 여행은 부모와 자녀가 진정으로 소통할 수 있는 소중한 시간들이다.

배낭여행을 잘 마치고 오면 아이들의 마음이 한층 넓어지고, 배려하는 마음도 생기고, 웬만한 일로는 흔들리지 않고 어려움도 잘 참을 수 있는 당당한 아이로 성장할 것이다. 부모와 자녀가 함께하는 배낭여행은 이렇듯 좋은 점이 너무 많다.

해외여행에서 꼭 조심해야 할 것은

아이를 잃어버리지 않도록 해야 한다. 어린아이들은 아차 하는 순간에 눈에서 멀어진다. 아이들과 어른이 호기심과 구경에 눈이 팔렸거나 많은 인파 사이에서 아이의 손을 놓게 되는 경우가 생길 수도 있다. 아이가 없어지면 그때부터 속된 말로 멘붕이다. 여행이고 뭐고 제정신이 아니다. 바로 이런 때를 대비하는 방법 3가지가 있다.

첫 번째는 아이의 목걸이로 명찰을 달아 주는 것이다. 구글 번역기를 이용하여 내용은 "길을 잃어버렸어요. 도와주세요."라는 내용을 담고 대사관 전화번호, 숙소 전화번호, 부모의 현지 전화번호를 기재해 놓는다. 명찰은 문구점에서 파는 것을 이용하고, 몇 개를 미리 준비한다.

두 번째는 아이가 입은 옷의 등이나 앞가슴 쪽에 스티커를 붙여 주는 것이다. 내용은 첫 번째와 동일하다.

세 번째는 아마존에서 판매하는 동전 GPS이다. 착한 가격에 실시간으로 아이의 위치 정보를 알려준다. 2차 대비로 준비하는 것이 좋다.

만일의 경우를 대비해서 이 세 가지를 동시에 준비하자. 어려울 것도 없다. 안내 용지는 여러 장을 복사해서 가면 된다. 귀찮아하지 말고 항상 최악의 경우를 대비하자.

그리고 아이에게 대처 방법을 미리 알려주어야 한다. 울지 말고 "CALL, DAD!", "CALL, MOM!" 등의 말로 도움을 요청하도록 한다.

4. 마음의 힘을 키우는 명상

명상은 자기 자신을 잘 돌보는 방법이다. 자신의 육체뿐만 아니라 영혼을 돌보는 습관은 삶을 살아가는 데 큰 힘이 된다. 명상은 나 자신을 행복하게 해 주는 방법이다.

명상은 고요히 눈을 감고 차분한 상태로 어떤 생각도 하지 않는 것이다. 명상은 종종 마음을 깨끗이 하고 스트레스를 줄이며, 뇌가 휴식하게 만들거나 마음을 훈련하는 데 사용된다. 편히 앉아서 무념무상으로 하는 것이 좋다. 자신의 호흡을 관조하는 방법 등이 있고, 조용한 환경에서 눈을 감고 하면 된다. 명상은 자신의 마음과 우주를 하나로 일체화시키는 일을 가리킨다.

필자는 명상이 건강에 매우 효과적인 방법임을 알고 매일 습관적으로 해 오고 있는데 심리적으로 안정이 되며 성격이 차분해지는 등 좋은 점이 많다. 아이들도 하게 되면 정서적으로 안정이 될 것 같아 손주들에게도 시켜 보기로 하였다. 6살짜리부터 11살까지 5명인데 아이들이 정신없이 뛰어놀다가도 명상을 하자고 하면 할아버지 서재로 와서 좌정을 하고 앉는다.

처음에 시작할 때는 3분을 목표로 했는데 이제는 시간을 늘려서 5분까지 한다. 10분이 목표인데 가능할 것 같다. 아직까지 깊이 있게는 못해도 애들이 커 가면서 스스로 느끼고 깨닫게 되면 자신의 마음을 다스리는 데 매우 도움이 될 것 같다.

명상할수록 주의력이 산만해지는 것도 줄어들고 많이 차분해지는 것이 느껴진다.

어릴 때부터 명상하는 습관을 들이면 어렵고 힘든 세상을 살아갈수록 심리적으로 큰 도움을 받을 수 있을 것이다. 휴가나 방학 때 와서 함께하고 평소에는 부모가 집에서 아이들과 함께 매일 하도록 하고 있다.

자녀에게 명상을 가르치는 방법은 부모가 먼저 명상에 친숙해지고 그 과정을 이해한 뒤에 가르치는 것이 가장 좋다. 명상할 때는 목적을 갖거나 강요해서는 안 되며 자기 자신에 대해서만 생각하고 집중하게 해야 한다. 그냥 편안하게 앉아서 생각하게 하는 것이다. 명상을 꾸준히 하면 두뇌가 활성화되고 집중력이 늘어나므로 결과적으로는 학업 능력에도 긍정적인 영향을 미친다고 한다.

필자도 피곤하고 정신이 맑지 않을 때는 잠깐 동안 명상을 하면 정신이 맑아지고 집중력이 올라가는 효과를 보고 있다. 독자들도 어렵고 힘든 일이 아니므로 잠깐씩 명상을 해 보기를 권한다.

제일 좋은 방법은 부모와 함께 매일 5분간 명상하기를 생활화하는 것이다. 그렇게 하면 가족의 건강과 아이의 인성 및 건전한 정신건강에 많은 도움이 되리라 확신한다.

아이들이 명상하게 되면 좋은 점

- 마음이 차분해지고 안정적으로 변하게 된다.
- 스트레스 해소에 도움이 된다.
- 고운 심성을 가지게 된다.
- 몸과 마음이 단정해진다.
- 남을 이해하게 되고 협동심이 생긴다.
- 적극적이고 의욕적인 마음자세를 가지게 된다.
- 남을 배려하는 마음이 생긴다.

자식과 이별하자

5. 몸이 건강해지는 호흡 습관

호흡 습관은 건강을 바꾼다

호흡은 생명이다.

우리가 살아가면서 제일 중요한 것은 건강이며 건강을 지키는데 먹는 음식이 매우 중요하다는 것은 우리 모두 잘 알고 있다. 그러나 그것보다 더 중요한 것이 바로 호흡이다.

우리 인간은 음식을 먹지 않고 물만 먹으면 30일 내외로 살 수있지만, 공기가 없으면 단 5분도 살 수 없다.

그러나 우리는 호흡에 대하여 큰 생각 없이 살아온 것이 사실이다. 왜냐하면 특별히 호흡을 의식하지 않아도 자율신경에 의하여 정확하게 이루어지고 있기 때문이다. 심장이나 위장 등 내장 기관은 자기 의지대로 조절할 수 없지만, 호흡은 본인의 의지에 따라서 조절이 가능한 것이다. 여기서 우리가 주목해야 할 것은 의지대로 조절할 수 있는 호흡에 대하여 많은 학자나 선지자들의 연구가 있었다는 것이다. 일본의 의학 박사 니시하라 요시나리 선생은 그의 책『건강은 호흡으로 결정된다』에서 호흡은 코로 하는 것이 좋고 입으로 하는 호흡은 안 좋다고 하였다. 필자의 어릴 때가 생각난다. 집안의 어른들은 **"밥 먹을 때와 말할 때 외에는 입을 벌리면 복 나간다."** 라고 하였고, 특히 입을 벌리고 숨 쉬는 것을 못 하게 하였다. 그 당시에는 특별한 의미 없이 복이 나간다고 하여 시키는 대로 하였는데, 어른이 되고 나서 건강을 관리하다 보니, 코로 하는 호흡이 매우 중요하다는 것을 스스로 체험과 함께 알게 되었다. 코로 호흡할 때 코안의 털과 점막이 필터와 정화 작용을 한다는 것은 모두가 아는 상식이다.

여기서 중요한 것은 코로 호흡하되, 많은 공기를 들이마시기 위하여 복식 호흡을 하는 것이다. 5초 정도 복부를 이용하여 천천히 깊게 들이마시고, 약 7초 정도 횡격막을 이용하여 천천히 내쉬는 것이다. 필자도 복식 호흡을 꾸준히 하면서 감기에 대한 면역력과 피로감이 줄어들고, 폐활량 증대에 도움이 됨을 몸소 느끼고 있다. 깊은 호흡은 피로할 때 원기를 회복하는 데도 도움이 되는 것 같다. 손주들도 입으로 호흡하면 항상 코로만 호흡하라고 가르친다.

깊은 호흡은 정신건강과 바른 자세에 효과적이다

요가의 나라 인도에서는 살아있는 생명체는 평생 호흡하는 횟수가 정해져 있는데, 하루 동안 짧게 호흡해서 호흡 횟수가 많아지면 오래 살지 못하고 반대로 길게 호흡해서 호흡 횟수가 적으면 오래 산다는 이야기가 전해져 내려온다.

육체적으로 깊고 천천히 호흡하면 마음의 안정을 찾을 수 있고 자신을 컨트롤할 수 있다. 실제로 마음의 움직임을 주의 깊게 관찰

자식과 이별하자

해 보면 호흡의 변화와 깊은 관련이 있다는 사실을 알게 될 것이다. 마음이 편안할 때는 천천히 호흡하게 되고 마음이 불안하거나 초조할 때는 짧고 얕게 호흡하게 된다. 이처럼 육체와 호흡과 마음은 긴밀한 삼각관계를 가지고 있으며 서로 많은 영향을 주고받는다는 사실을 알 수 있다. 이처럼 깊은 호흡을 습관화하면 자연히 자세도 바르게 되는 것을 느끼게 된다. 제대로 된 호흡법은 성인뿐만 아니라 성장하는 아이들에게도 정말 좋은 습관이 될 것이다.

명상과 함께 깊은 호흡

아직 어린 손주 5명과 둘러앉아 명상과 복식 호흡을 천천히 해 보면 아이들이 확실히 안정적으로 변해 가는 것을 느낄 수 있다. 위에서도 언급했지만, 명상하면서 복식 호흡을 천천히 하는 것이 핵심이다.

어릴 때부터 꾸준히 해 온다면 아이들의 심신안정과 정신건강에 많은 도움이 될 것이다. 명상과 복식 호흡은 우리 아이들이 커 가면서 여러 가지 어려움이나 난관을 헤쳐나가는 데 큰 도움이 되리라고 확신한다. 아이들이 아직 어릴 때는 부모들이 함께 매일 5분씩만 한 달 정도 지속하면 습관이 되리라 생각한다. 어린 손주들이 앉아서 차분하게 명상하는 모습을 보면 정말 예뻐 보인다. 어릴 때부터 명상과 복식 호흡 습관을 지니게 해 주면 평생 큰 선물이 될 것이다.

6. 정신력 강화에 도움이 되는
팔굽혀펴기와 스쿼트(squat)

강한 신체는 정신을 강하게 만든다고 한다.

체첸 공화국의 6살(우리나라 나이로는 7세 정도) 난 라힘이라는 어린이가 한 차례도 쉬지 않고 2시간 동안 팔굽혀펴기를 4,000회 이상하여 신기록을 수립하였다. 어린이 체력왕으로서 대통령으로부터 외제 차를 선물 받았다고 한다. 이는 프로 운동선수도 도전장을 내기 어려운 정도라고 한다. 라힘은 "앞으로 5,000개를 넘겨 기네스 기록에 도전하고 싶다."라고 했다. 물론 누구나 연습을 지속해서 한다면 잘할 수 있겠지만, 이렇게 특별한 경우는 아니더라도 팔굽혀펴기나 스쿼트는 어른이나 어린이의 정신과 건강에 좋은 점이 매우 많은 운동이다.

도전과 시작

① 팔굽혀펴기나 스쿼트는 처음에는 하루 한 개부터 시작해 보자. 도전과 변화의 시작이 될 것이다. 처음부터 무리하게 욕심을 내면 근육이 뭉치고 아플 수 있으니 하루에 아주 조금

자식과 이별하자

씩 몸에 무리가 없는 선에서 서서히 늘려나가 보자.

② 매일 한두 개부터 시작하는 팔굽혀펴기나 스쿼트는 건강에도 큰 변화를 주지만, 아이들에게도 좋은 습관을 만드는 시작이다. 하루 한두 개부터 부모가 먼저 아이에게 시범을 보여 주고 같이 해 보자. 머지않아 아빠, 엄마보다 많이 하게 될 것이다.

③ 팔굽혀펴기나 스쿼트를 지속하면 아이의 자신감과 체력을 길러 주게 되고 성취감을 느끼게 해 준다.

④ 지속해서 하면 지구력, 인내력, 집중력을 갖게 해준다.

⑤ 팔굽혀펴기와 스쿼트는 상하체 근육을 모두 사용한다고 해도 과언이 아닐 정도로 많은 관절과 근육을 사용하기 때문에 어린이들의 성장 발육에 아주 좋은 운동이다. 어린이가 맨몸으로 팔굽혀펴기나 스쿼트를 하면, 성장판 자극을 통하여 성장 호르몬 분비를 촉진한다고 한다.

⑥ 팔굽혀펴기나 스쿼트를 하게 되면 혈액 순환이 원활해지며 심장과 폐 기능이 좋아지고 근육과 뼈가 튼튼해져서 근육과 지구력이 강화된다.

⑦ 전 세계 유명 권투 선수들은 거의 대부분 팔굽혀펴기로 팔 힘을 단련하여 강력한 펀치를 날릴 수 있다고 한다. 또한, 유명 스포츠 선수나 배우 등도 팔굽혀펴기와 스쿼트로 몸을 단련한다고 한다.

⑧ 팔굽혀펴기와 스쿼트의 가장 큰 장점은 시간과 장소에 구애받지 않고 언제 어디서나 할 수 있다는 점이다. 벽에 기대서

도 할 수 있다. 지속해서 하면 체력이 좋아지고 자신감이 붙는다. 그러면 인생이 바뀔 수 있다.

⑨ 필자와 손주들도 팔굽혀펴기와 스쿼트를 계속하는 습관을 들이고 있는데, 손주들이 경쟁적으로 잘하고 가족 대회도 하고 있으며 상품도 주고 있다. 아이들이 감기도 잘 걸리지 않고 많이 건강해지는 것 같아서 그 효과를 직접 느끼고 있다. 살아오면서 여러 가지 운동을 해 보았지만, 팔굽혀펴기와 스쿼트야말로 체력과 건강에 자신감을 주는 최고의 운동이라고 생각한다.

자식과 이별하자

7. 체력 강화와 다이어트에 효과적인 줄넘기

줄넘기의 좋은 점은 모두 알고 있다시피 열거하기에 너무 많다. 하체 강화, 심장, 혈액 순환 강화, 폐, 심폐 기능 강화, 지구력, 전신 다이어트, 신진대사 활성화, 면역력 향상, 어린이 키 성장 도움, 유연성, 순발력, 민첩성 등에 좋다. 필자의 8살 난 손주가 태권도 도장에 다니면서 줄넘기를 배웠다. 2단, 3단 뛰기, 교차 뛰기, 한 발 뛰기 등으로 5분에서 10분 이상 줄넘기를 쉬지 않고 하는데, 어릴 때부터 있던 아토피가 없어지고 몸매가 날씬해지고 면역력이 좋아지는 것을 눈으로 확인할 수 있었다.

줄넘기는 장소와 공간의 제약 면에서 스쿼트나 팔굽혀펴기 등에 비하여 공간 확보가 필요하나 어릴 때부터 줄넘기 습관을 지니면 다이어트와 함께 평생 건강에 큰 도움이 될 것이다.

운동하는 습관은 절대 누군가가 대신해 줄 수 없다. 스스로가 어렵고 힘든 과정을 참고 견뎌야 한다. 극복하는 법을 배우는 것이다.

8. 따뜻한 물 마시기는
건강에 많은 도움이 된다

　요즘 들어서 강조되는 생활 습관 중 하나가 물 마시기이다. 적당량의 수분 섭취는 우리 신체에 많은 영향을 끼친다. 우리의 몸은 70% 이상이 물로 이루어져 있고 이 물은 우리 몸속에서 혈액 순환, 체온 조절, 영양소 운반 등의 역할을 한다.

　또 몸에 수분이 부족하면 탈수 현상이 오게 되고 혈액의 농도가 높아져 피로감을 느끼거나 무기력해진다. 물은 이처럼 우리 몸의 건강을 유지하는 데 가장 중요하다고 할 수 있다. 과거에는 냉수가 몸에 좋다고 하여 많은 사람이 냉수를 마셨으나 냉수는 우리 몸을 차갑게 하는 등 건강에 유익하지 않다고 한다. 필자도 오랜 기간 냉수를 마시다가 따뜻한 물을 마시기 시작한 지는 약 3년 정도 되었는데, 몸에 좋다는 것을 많이 느끼고 있다.

　특히 아침에 자고 일어나서 마시는 따뜻한 물 한두 잔은 정말 건강에 좋다. 우선 따뜻한 물은 우리 몸의 신진대사를 촉진하고 칼로리를 소모하는 데 도움을 주며, 다이어트 효과뿐만 아니라 체내에 쌓인 유해 산소나 미세 먼지 등의 독소를 제거한다고 한다. 특히 육식 후 찬물을 마시는 습관은 정말 좋지 않다.

　　　　　　　　　　　　　　　　　　자식과 이별하자

차가운 물은 기름진 음식을 응고시키거나 소화에 불편을 줄 수 있다. 과거에 필자도 육식 후 찬물을 마시니 위장 장애 등 여러 가지로 불편함을 느꼈지만, 따뜻한 물을 마시고 나서부터는 여러 가지 문제가 없어지는 것을 느낄 수 있었으며, 우리 손주들도 따뜻한 물을 마시는 습관을 지니게 하니 배탈이나 감기 등에 잘 안 걸리는 효과를 보고 있다.

이제는 여름에도 냉수를 마시지 않게 되었다. 어른이나 아이 할 것 없이 따뜻한 물 마시기 습관을 생활화해야 한다.

9. '가족과 함께 걷기 데이'는 만병통치

"약으로 고치는 것보다는 음식으로 고치는 것이 낫고, 음식으로 고치는 것보다는 걸어서 고치는 것이 낫다." 조선 시대의 명의 허준이 한 말인데, 그 당시에는 양반을 제외한 모든 사람은 오로지 걸어서 먹고살았을 것 같은데도 불구하고 이런 말을 했다는 것은 걷기가 병 치료에 그만큼 중요했다는 것이 아닐까 싶다. 전문가들은 하루 30분씩 일주일에 3~4번 정도 바른 자세로 꾸준히 걸으면 폐활량이 증가하고 척추 건강에도 좋으며 면역력 강화에도 효과적이라고 한다.

필자 역시 주말이면 손주들과 함께 걷는데 그렇게 좋아할 수가 없다. 둘레길이나 개울가를 따라 걸으면서 이런저런 이야기도 하고 장난도 하면서 걷는데, 6살짜리 손주도 앞장서서 잘 걷는다. 특히 가족끼리 적당한 목표를 정해서 걸으면, 아이들에게 자신감과 성취감을 길러 주고 정신건강에도 많은 도움을 준다.

'가족과 함께 걷기 데이'를 정하고 매주 1~2회는 함께 걷는 시간을 만들어서 걷는 습관을 길러 보자. 그냥 걷는 것도 좋지만, 특히 역사적인 의미가 담긴 테마 길을 걸으며 관련 역사 이야기나

자식과 이별하자

그 길의 유래에 관한 이야기를 해 주면, 아이들에게 재미와 배움이 함께할 것이다.

앞에서 언급한 캠핑을 하러 가서도 그 지역의 좋은 길을 걸어 보면 참 좋을 것 같다. 가족의 건강과 화합에 최고이다.

10. 맛있는 요리는
창의력에서 시작된다

코로나 등 여러 바이러스의 전염 우려도 커지면서 집에서 스스로 요리를 하는 경우도 많아지고 있고, 머지않아 대다수가 혼자 살아가게 될 시대도 오고 있으니, 아이들에게 요리하는 방법을 가르치는 것도 자립심을 길러 주고 적성을 찾아주는 방법의 하나가 될 수 있다.

그리고 남녀 할 것 없이 자기만의 주특기 요리 능력을 갖추는 것은 이 세상을 살아가는 데 많은 도움이 될 것이다. 특히 가족이 함께 요리하면서 분야별로 분담해 보는 것은 가족끼리 서로 돕고 책임성을 갖게 되는 방법이라고 생각한다.

지인의 아들은 어릴 때부터 요리하는 것을 좋아하더니, 요리를 본격적으로 배워서 현재 레스토랑을 운영하고 있다. 자기만의 주특기 요리를 개발하여 성업 중이다. 가정에서부터 스스로 여러 가지 음식을 만들어 보는 것도 창의의 일종이 될 수 있다.

필자의 11살짜리와 6살짜리 손주는 둘이서 간단한 요리도 하고 설거지도 곧잘 한다. 이러다가 자기만의 요리를 개발하게 될지도 모른다. 가정에서 요리를 취미로 하다가 일류 셰프가 된 경우도 많다. 세계의 유명 셰프는 남과 다른 창의에서 성공하는 것이다.

자식과 이별하자

11. 가족이 함께할 수 있는 놀이

가족들이 모두 함께 모일 기회가 많이 있다. 주말이나 공휴일에 함께 여행하거나 전체 모임이 있을 때 온 가족이 함께할 놀이가 없으면 어른은 어른끼리 놀게 되고 아이들은 아이들대로 놀게 된다. 물론 따로 노는 것도 필요하지만, 온 가족이 다 같이 놀이를 하는 것은 가족의 유대감 형성과 함께 또 다른 재미와 즐거움을 준다.

필자의 손주도 5명이 모이면 물론 자기들끼리도 잘 놀지만, 얼마 못 가서 지루해하는 경우가 많다. 어른의 입장에서 아이들이 모였을 때 함께할 수 있는 놀이를 만들어서 형제간의 유대감과 게임을 통하여 아이들의 감성과 두뇌를 발전시켜 주는 놀이를 하도록 하고, 또 가족끼리 대결도 해서 웃음과 재미를 줄 수 있다면 바람직하다고 생각하여 여러 가지 놀이를 해 보았는데 모두 재미있어했다.

그런 상황에서 약간의 상품이 더해지면 재미와 즐거움이 더해진다. 다트 놀이, 윷놀이, 투전놀이, 골프공으로 퍼트하기 등 여러 가지 놀이를 만들려고 노력한다. 다 같이 모여서 뭔가 배울 것도 있고 재미도 있어야 하지 않겠는가? 아이들과 함께 게임을 하면 약간의 긴장감과 승부욕이 생기며 온 가족이 즐겁다.

12. 책 읽고
스토리텔링 하기

요즘 도서관에 가 보면 엄마와 아이들이 독서를 하러 오거나 책을 빌리려고 아이들과 함께 많이 온다. 독서는 아이를 크게 성장시킬 수 있는 가장 유용한 방법이다. 어릴 때부터 스스로 책 읽는 습관이 들면 더없이 좋겠지만, 부모의 노력도 함께 필요하다. 5분의 독서 습관부터 시작해 보는 것이다.

나는 우리 손주들이 3명은 학교에 다니니 학년에 맞는 책을 선택하게 하고, 유치원생 2명은 쉬운 동화책으로 방학 때마다 독후감 발표 시간을 갖고 있다. 가족이 모두 모인 데서 이동식 마이크로 책 한 권을 스스로 요약하여 5분 내외로 발표하게 하는데, 할아버지로서 참가상을 주고 있다.

이렇게 하면 아이들은 책 한 권의 내용을 요약하여 발표하면서 발표력이 좋아지게 되고, 그 과정에서 부모들과 아이들이 의논과 협력 과정을 거치게 되니, 여러 가지로 좋은 점이 많다.

이때 부모들도 아이들과는 별개로 평소에 읽은 좋은 책을 서로 소개하는 것도 가족 모두가 향상하고 발전하는 좋은 방법이라는 생각이 든다. 아이들에게도 부모의 좋은 모습을 보여 주는 것이다. 적극적으로 권장하고 싶다.

자식과 이별하자

13. 해마다 성장하는
가족사진

1년에 한 번씩 특정한 기념일, 즉 부부의 결혼기념일이나 새해 첫날 아침이나 생일 등의 특별한 날을 정하여 가족사진을 찍는 것은 특별한 의미가 있다는 생각이 든다.

부부의 결혼사진부터 아이가 태어나서 찍는 일상적인 사진들은 다들 많지만, 가족 전체가 모여 1년에 한 번씩 가족사진을 찍으면 어떨까? 1년, 2년, 해를 거듭할수록 가족의 변화를 사진에 담아 놓으면 30~40년의 세월이 흐른 후에는 그 사진만으로도 가족의 역사가 만들어지고 서서히 변화해 가는 가족의 흐름을 한눈에 알 수 있다. 먼 훗날 손주들이 커서 해마다 변해 가는 자신의 모습을 한눈에 보게 되면 어떤 생각을 가질까? 아마도 여러 가지 많은 생각과 상상을 하게 될 것이다.

과거 직장에 다닐 때 어떤 분이 30년 동안 찍어온 가족사진을 가지고 전시회를 개최했는데, 정말 좋다는 생각이 들어서 필자도 1년에 한 번은 꼭 전체 가족사진을 찍고 있다.

사실 1년에 한 번 찍는다고 하지만, 모두의 시간을 맞추어야 하기에 쉬운 일이 아니다. 하지만 훗날 가족 모두의 소중한 역사가 되리라고 생각한다. 꼭 사진관에 가지 않아도 집이나 배경이 좋은 곳에서 찍는다면 좋은 작품을 만들 수 있을 것이다.

자식과 이별하자

14. 가계도를 작성하여
뿌리를 가르치고 자긍심을 갖게 하자

집에서 기르는 개도 족보가 있다

　족보가 창의성과 어떤 연계가 이루어질까에 대해 의문이 들 수도 있겠지만, 족보는 한 성씨의 역사 기록이다. 즉, 씨족의 계통과 혈연관계를 나타내고 한 집안의 연속성을 나타내는 것이다. 또한, 동일 혈족의 혈통을 잘 알고 계승하는 것은 자신의 정체성을 확립하는 중요한 일이다. 젊을 때는 사회생활에 바쁘고 또 윗분들이 있어서 족보나 가계도에 별 관심이 없었으나, 이제 시간적 여유도 있고 손주들이 있으니 자신의 뿌리가 어디서 시작되었는지, 어떤 집안의 역사인지를 알려 주는 것이 할아버지의 소임 중 하나라는 생각이 든다. 족보는 역사이며 창의이다. 역사를 공부하면 창의도 함께 발전한다.

　나의 시조는 누구이며 내가 몇 대손인지, 내 조상은 어떤 분이었는지, 우리 역사 속에서 어떤 역할을 하신 조상님이 있었는지 등을 알려 주면 좋다. 아이들이 초등학교 3학년 정도 되면 설명을 알아들을 수 있을 것이다.

　조상과 역사적인 사실이나 활동 사항이 연계되는 스토리가 있으면 더욱더 이해하기가 쉽고 본인의 정체성과 자긍심을 가질 수 있을 것이다. 집에 기르는 개도 족보나 혈통이 있는데, 하물며 우리 인간이 자기 족보는커녕 시조가 누군지도 모르고 산다면 그것은 정말 안타까운 일이다. 그러면 아이들이 족보나 가계에 대하여 좀 더 알기 쉽게 접근할 수 있는 방법을 제시해 보고자 한다.

첫째, 인터넷 족보를 제작하는 것이다. 물론 대부분 문중 전체 족보는 책자를 제작해 놓았을 테지만, 실제 책으로 된 족보는 보는 법을 배우지 않으면 쉽게 읽을 수 없다. 그러나 자라나는 우리 자손들은 어려운 책으로 되어 있는 것보다는 인터넷을 선호한다. 인터넷으로 보면 언제 어디서나 쉽게 접할 수 있고 상대적으로 알기가 쉽다. 필자도 얼마 전에 대종회에 연락해서 우리 성씨도 인터넷으로 족보를 제작하기를 건의했더니 지금 준비 중이며 곧 족보 편찬위원회를 구성할 것이라고 했다.

과거에는 족보 책 제작은 일정한 기간을 두고 하였지만, 인터넷 족보가 활성화되면 즉시 등록이 가능하고 자세한 개인의 스토리도 만들 수 있을 것이다. 이제 세상은 인터넷 족보가 활성화되면서, 각 혈족 간의 유대도 깊어지게 되고 후손 역시 정체성을 가지고 자존감이 높아지게 될 것이다. 만일 인터넷 족보가 안 만들어졌다면 제작하여 후손에게 물려주고 가르쳐 주자.

둘째, 인터넷 족보 제작 이전이라도 자녀들과 함께 **액자나 앨범을 이용하여 가계도를 만들어 보자.** 자녀를 기준으로 친가와 외가 3대조까지 사진도 첨부하여 6촌 정도까지 족보, 혹은 가계도를 만들어 보면 아이들이 가까운 형제들과 친지를 쉽게 알 수 있고, 작은 가문의 경우에는 친가와 외가를 모두 파악할 수 있다.

자식과 이별하자

자녀를 기준으로 친가와 외가의 내력은 알고 있어야 제대로 가정교육을 받았다고 생각한다. 소위 명문가 자제들은 누구, 누구의 몇 대손이라는 이야기도 한다. 전체 족보를 인터넷으로 만드는 것은 자신의 의지대로 할 수 없지만, 외국에서도 많이 사용하는 가계도를 만들어 친인척을 알게 하고 자긍심을 길러 주자.

※ 창의력은 다양한 경험에서 시작된다

　필자의 집에는 대략 15년을 넘게 사용한 헤어 드라이기가 있다. 사람으로 치면 이젠 노인이 된 기기이다. 매일 아침 한 번씩 잘 사용해 왔는데, 2~3일 전부터 드라이기를 사용하면 타는 듯한 냄새가 나면서 성능이 저하되어 그동안 너무 오래 사용해 이제는 못쓰게 될 때가 되었는가 보다 하고 새로운 드라이기를 하나 구입하고 사용하던 드라이기는 11살 난 손주에게 주었다.

　손주는 어릴 때부터 장난감을 가지고 노는 것보다는 시계, 전자 제품, 소형 기계 등 실물을 가지고 노는 것을 좋아했다. 집에서 오래 사용해서 노후화되었거나 고장 난 기기는 그냥 버리지 않고 전부 분해해 보고 기기의 안쪽이 어떻게 구성되어 있는지 이리저리 만져 보고 해체도 하여 전체적인 구성을 알아보는 편이다.

　낡은 드라이기를 나름대로 수리하고 청소하더니 "할아버지, 이제 드라이기가 정상적으로 작동해요."라고 한다. 잘했다고 칭찬을 가득 해 주었다. 아이들이 조금만 관심을 가지면 장난감을 가지고 노는 것처럼 부모와 함께 여러 가지 기기를 다양한 방법으로 만져보고 해체와 조립해 봄으로써 창의력을 향상시키는 데 큰 도움이 되리라 생각한다.

　전에 유명 재벌 중에도 새로운 기기를 분해하고 조립하는 것을 취미로 하신 분이 있었다. 우리 아이들을 다양한 환경을 접하게 하여 창의력은 물론이고 정신적, 육체적 건강에 도움이 되도록 해 보자.

제4장

사랑하는
우리 아이의
안전은
부모와 함께 배운다

안전은 평소 생활 습관이다

"조심덕을 '생활화'하면
안전해진다."

1. 조심덕(操心德)이
필요한 세상

"인명은 재천이 아니다. 조심덕이다."

조선 시대 양반들도 요즘처럼 과식이나 기름진 음식을 먹고 운동을 하지 않아서 비만이나 건강에 문제가 있었던 것 같다. 또 요즘처럼 삶이 복잡하거나 위험하지도 않은 시대였을 터이다. 그런데 그 당시에도 자녀들의 안전교육에 대한 이야기를 오래전에 글에서 읽었던 적이 있어 소개해 본다.

서울 강북에 사는 이 대감이 강남에 사는 친구 김 대감을 만나러 한강 마포나루에서 나룻배를 타고 선착장에 내려서 걸어가는데, 어떤 젊은이가 인사했다. 누군지 보니 강남 사는 김 대감의 자제가 아닌가. "내가 너의 춘부장을 만나러 가는데 자네는 어딜 가나?" 하고 물으니 "아버님 심부름으로 강북에 갑니다." 하면서 "저의 아버지께서 기다리고 계십니다. 어서 가십시오." 하면서 나룻배를 타러 갔다. 이 대감이 김 대감댁에 도착하여 인사를 나누는 도중에 한강에서 나룻배가 뒤집혀 사람이 많이 죽었다고 전갈이 왔다.

이 대감은 깜짝 놀라면서 "큰일 났네!" 하고 말했으나 김 대감은

자식과 이별하자

크게 놀라는 기색이 없었다. 이에 이 대감이 "아까 자네 아들이 나룻배를 탄다고 했는데 무슨 변고를 당한 것 같네. 지금 빨리 가 봐야 하는 것 아닌가?"라고 했더니 김 대감이 "내 아들은 괜찮을 걸세!"라고 답했다. "아니, 이 사람아. 그걸 어찌 속단하는가?"라고 이 대감이 다그쳤더니, "나는 아들에게 항상 매사를 잘 판단하고 무리하지 말고 조심하라고 가르쳤으니 조금 더 기다려 보게나."라고 했다. 이 대감은 어이가 없었지만, 당사자가 그러니 어쩔 수 없이 같이 기다렸다.

아니나 다를까. 조금 있으니, 아까 만난 김 대감의 아들이 돌아왔다. 이 대감이 "아니, 자네. 아까 그 배를 타지 않았는가?" 하고 물으니 그 배에 승객이 너무 많이 타서 위험하다는 생각에 도로 내렸다고 했다. 그리고 "저의 아버님께는 평소 주어진 상황을 잘 판단하고 항상 조심하라고 가르침을 주셨습니다."라고 답했다. 이렇게 **매사에 잘못이나 실수가 없도록 말이나 행동에 조심하는 마음을 가지게 되면 사고를 당하지 않는다는 것이 바로 '조심덕'이다.** 예측할 수 없는 사고 위험이 매우 높은 현대 사회에서도 꼭 명심해야 할 좋은 말이다.

2. 이 세상은 갈수록 재난 등 사고 위험이 점점 커지고 있다

"재난이 일어날 것이라는 사실을 모르기 때문이 아니라 일어나지 않을 것이라는 막연한 믿음 때문에 대처에 소홀하게 되고 위험에 처하게 된다."라고 마크 트웨인이 이야기했다.

우리가 지금 사는 세상은 과학 및 산업의 발달과 이에 따른 국민 소득의 증대로 생활은 윤택해졌지만, 그에 따라 사회 구조도 다양하고 복잡해졌으며, 기후 온난화 등 사람의 생명과 안전을 위협하는 요인 또한 엄청나게 증대되었다.

현재 전 세계에서는 지구의 온난화로 인한 기상 이변이 속출하고 있다. 예측하기 어려운 기후의 급변으로 인한 재난이 점차 대형화, 복잡화되어 가는 추세이며, 재난이 발생했을 때는 대규모 정전 통신 두절, 교통 마비와 함께, 복합 재난의 정도를 더욱 가중시킬 것으로 예상된다.

최근에 발생한 코로나 사태나 일상생활 중 빈번하게 발생하는 교통사고, 화재 사고, 또는 폭발 사고 등의 여러 가지 대형 사고로 인하여 귀중한 인명과 재산 피해가 자주 발생하고 있다.

이러한 각종 안전사고를 예방하고 사고 발생 시 적절한 대처 방법에 대하여 알아보기로 하자. 또 중장기적으로 우리의 삶 속에 안전에 대한 문화를 정착시켜 우리 모두가 다 함께 안전해지도록 해야 한다. 우리는 그 준비를 위하여 안전에 대한 올바른 지식과 태도를 갖출 필요가 있다.

특히 요즘 같은 저출산 시대에는 우리의 미래 꿈나무인 소중한 아이들에 대한 안전이야말로 우리 모두의 의무이며 큰 바람이 아닐 수 없다.

유니세프가 발표한 보고서에 의하면 OECD 국가 중 우리나라가 아동 안전사고 사망률이 인구 10만 명당 25.6명으로 회원국 중에서 가장 높고, 스웨덴이나 영국 일본 등의 선진국에 비해서는 4~5배 높은 것으로 나타난다.

우리나라가 다른 선진국 아동에 비해 각종 사고 위험으로부터 제대로 보호받지 못하고 있음을 알 수 있다. 현재의 기성 세대에게도 그 책임이 있다.

짧은 기간 동안 고도로 성장해 오면서 안전은 미처 생각할 겨를이 없이 급하게 살아온 것이다. 필자도 어릴 때부터 커 오면서 안전 교육을 받아 보거나 관심을 가지는 사람들을 보지 못했다. 단지 부모님의 조심하라는 말 정도만 들었고 스스로 깨닫고 느끼면서 살아왔다.

그러나 이제는 세상이 달라졌다. 그 당시와는 비교할 수 없을 정도로 세상이 복잡해지고 위험에 많이 노출되어 있다. 이제는 주먹구구식으로 해서는 우리 자신의 안전을 지켜 갈 수 없다.

이제부터라도 우리 모두를 위해서 안전에 대하여 많은 관심을 가지고 노력해야 안전을 지킬 수 있다. 또한, 우리 후손들이 안전에 관한 교육을 받고 지속해서 안전을 중요시하는 사회문화를 만들어 가야 한다.

안전 생활 습관은 가정에서부터 시작하자

안전은 어릴 때부터 생활습관으로 몸에 배게 해야 한다. 원칙적으로는 학교에서 충분한 교육이 이루어져야 하지만, 현실적으로는 여러 가지 문제로 인해 제대로 된 안전 교육이 어려운 실정이다. 이런 상황에서 아이들의 안전을 지킬 수 있는 가장 현실적인 방법으로는 가정생활에서부터 안전 교육을 통하여 안전사고에 대한 위험성을 인식하고 자신을 보호하기 위한 여러 대처 방법을 가르쳐야 한다. 그래야 사고의 예방은 물론이고 사고 발생 시에도 그 피해를 최소화할 수 있을 것이다. 가정에 소화기를 비치하고 대피로도 생각해 보고 화기 취급에 대한 방법과 주의점을 제대로 배우고 사용할 수 있도록 해야 한다.

안전은 습관이다. 평소 몸에 밴 안전 습관만이 유사시 소중한 우리의 자녀를 위기에서 구해줄 수 있다. 예상할 수 없는 각종 사고에 대비하여 아이들의 생존법에 대하여 함께 고민하고 대처 방법을 가르쳐보자.

우리 자녀들이 많은 날을 살아가면서 언제 어느 곳에서 위기 상

자식과 이별하자

황에 직면할지 알 수 없다. 또한, 언제든지 생과 사의 갈림길을 마주할 수 있다. 우리 부모가 어찌 자녀의 안전교육을 소홀히 할 수 있겠는가.

먼저 안전을 놀이와 함께 자연스럽게 익혀 보자

스스로 안전하려면 무엇이 위험한지를 먼저 알아야 하고 그 대처 방법도 알아야 한다. 공부를 잘하는 것도 중요하지만, 먼저 자신의 안전을 지킬 수 있는 능력을 갖추는 것이 제일 중요하고 우선순위가 되어야 한다. 물론 국가에서도 국민의 안전을 지키기 위해서 노력하겠지만, 모든 국민 개개인을 자세히 돌봐줄 수는 없다는 현실적인 문제가 있다. 결국 자기 자신의 안전은 스스로 지키는 법을 알아야 안전해진다.

특히 부모는 자녀에게 안전에 관한 다양한 지식을 몸에 익히도록 해 주어야 한다. 이는 부모의 의무이다. 지난여름에 손주들과 해수욕장과 계곡으로 물놀이를 갔는데, 구명조끼, 튜브 패트병을 이용한 여러 가지 방법을 놀이 삼아 해 봤는데 재미있어했다. 손주들에게 구조자와 요구조자의 역할을 바꾸어서 해 보기도 하고 위험한 물놀이를 하지 않도록 가르쳐 주었다. 부모와 함께하니 더욱 신나 했다. 그냥 단순한 물놀이 보다 훨씬 의미가 있었다.

올해 여름에도 바다와 계곡으로 가서 놀이와 겸해 생존 방법을 몸에 익히도록 할 계획이다. 자꾸 반복하면 숙달되지 않겠는가?

이렇게 놀이를 통해 경험을 쌓게 해 주면 위기 시에 자신의 생명을 구할 능력이 만들어질 것이다. 이 책을 읽는 독자들도 올여름부터 당장 시작해 보자. 정말 좋은 경험이 될 것이다.

자식을 키우는 부모 입장에서는 우리의 사랑하는 자녀가 언제 어떤 불의 사고를 당할지 알 수 없다. 우리 자식이 불의의 사고에 노출되지 않도록 하는 것이 최선이지만, **어떠한 상황에서도 살아남을 수 있는 역량과 지혜를 길러주는 것이 현명한 부모의 역할이다.**

자식과 이별하자

3. 화재 사고
대처 방법

　우리 살아가는 주변에서는 끊임없이 화재가 발생한다. 공장이나 상점, 아파트, 주택 등에서 예측 불허로 발생하는 화재에 많은 인명과 재산 피해가 발생한다. 이 글을 쓰는 순간에도 경기도 이천에서 냉동 창고 건축 중 화재로 수많은 귀중한 생명이 희생되었다고 한다.

　또 얼마 전에는 부모가 잠깐 집을 비운 사이에 아파트에서 화재가 발생하여 3남매가 사고를 당하는 비극이 발생하기도 했다. 화재가 발생한 순간에 어떻게 대처하느냐에 따라서 본인은 물론이고 많은 사람의 생명과도 직결된다. 소화기나 각종 소방 시설을 사용하는 방법, 화재 사실을 정확하게 신고하는 요령과 각종 대피 시설을 활용하는 방법을 잘 알아야 한다. 이번 글에서는 화재 발생 장소에 따라서 대처하는 방법에 대하여 이야기하려고 한다.

아파트 화재

　필자의 자녀 2가구가 아파트 12층과 15층에 살고 있는데, 항상 화재 위험에 불안하다고 이야기한다. 만일에 우리 아파트에서 화재가 발생하면 어떻게 하면 좋겠냐고 걱정한다. 아이를 가진 부모로서 당연한 걱정이고, 나와 가족의 안전을 생각한다면 염려를 안 하는 것이 오히려 이상하다는 생각이다.

요즘은 주거 형태가 주로 아파트인데 평소에 우리 아파트에 화재 발생 시에는 어떻게 대응해야 할 것인지 사전에 가족들과 함께 의논하고, 화재 시 신고나 소화기 사용 방법 등 가족 대응 매뉴얼을 정하고, 화재 발생 장소에 따라서 탈출로 및 대피 장소도 미리 지정해 놓는 것이 필요하다.

아파트에는 건축 당시 위급 시에 대피할 수 있도록 비상탈출구나 안전 대피 장소를 구획하여 놓기도 하고 오래된 아파트에는 옆집과 간이 칸막이를 설치하여 유사시에 대피할 수 있도록 해 둔다. 그러나 활용이 잘 안 되는 이유는 많은 입주자가 대피 공간을 주로 창고로 사용하여 물건을 가득 적재해 놓는 경우가 많고, 간이 칸막이형 대피공간의 각 세대 양옆에는 장애물을 두어 위급 시에 대피 장소로 활용하지 못하는 경우도 많다.

유사시 대피로로 사용되는 공간인줄 몰라서 그런 경우도 있고, 설마 내가 사는 아파트에 화재가 날 리가 없다고 안이한 생각을 하는 경우도 많을 것이다.

요즘 새로 짓는 아파트는 스프링쿨러와 자동 화재 탐지 설비 등 소방 시설과 대피 시설이 설치되어 있어서 초기 경보와 초기 소화가 가능한 시스템이 잘되어 있는 편이다.

그러나 문제는 자기가 사는 아파트에 어떤 소방 시설이 설치되

　　　　　　　　　　　　자식과 이별하자

어 있는지, 어떤 경우에 작동하는지 등 또는 사용 방법에 무관심한 경우가 대부분이라는 것이다.

많은 사람이 설마 우리 집에 불이 나겠느냐고 생각한다.

아예 화재에 대한 인식이 없는 경우도 많을 것이다. 그러나 우리는 만일의 경우를 가정하고 자기 자신과 가족을 위해 여러 가지 대응 방법을 강구해 두어야 비상시에 당황하지 않고 침착하게 대피하거나 화재를 진화하여 큰 피해를 막을 수 있다. 구체적인 방법은 다음과 같다.

첫째, 자기가 사는 아파트에서 화재가 나지 않도록 아이들에게 가스레인지나 전열 기구, 기타 화기 취급에 대하여 안전한 사용법을 가르쳐주고, 불장난을 하지 않도록 철저한 교육이 필요하다.

둘째, 거주하는 아파트의 아래층에서 화재가 발생했을 때는 당시 상황을 잘 판단해야 한다. 아래층 불길이 베란다나 창을 통하여 들어오기 시작하면 현관문을 통해 밖으로 나가야 하는데, 이때 현관 밖에 유독 가스가 있는지 여부를 잘 보고 대피해야 한다. **상황에 따라서 여러 가지 경우의 수가 많아 정답은 없지만, 사전에 몇 가지 대처 방법을 생각해 두는 것이 큰 도움이 되리라 생각한다.**

몇 년 전에 ○○아파트 9층에서 화재가 발생하여 창을 통하여 불길과 연기가 치솟았다. 그 2개 층 위에 사는 50대 자매가 놀라서 당황한 나머지 현관문을 열고 밖으로 나가 옥상으로 대피하려고 했으나, 통로 쪽으로 연기가 올라와서 옥상으로 미처 가지 못

하고, 다시 자기 아파트로 들어가려고 현관문의 비밀번호를 눌렀으나 당황한 나머지 비밀번호가 기억이 나지 않아 통로에서 연기에 질식사한 안타까운 일도 있었다. 2개 층 아래 화재여서 자기 아파트에 있으면 비교적 안전할 수 있었고, 또 상황을 보면서 대처해도 될 일인데 너무 성급하게 행동한 나머지 귀한 생명을 잃은 것이다.

셋째, 가족이 함께 모여서 아파트 어느 지점, 예를 들어 주방이나 거실에서 화재가 발생했다고 가정하고 사전에 대처해 보는 것이다. 이 훈련을 한 번 해 보면 많은 것을 배울 수 있다. 꼭 아이들과 함께해 보길 바란다. **100번의 이론보다 한 번의 실제 행동이 훨씬 도움이 된다.**

이런 훈련을 한 번 해 보면 아이들도 화재나 대피에 대한 조심을 많이 하게 될 것이다.

넷째, 아파트는 많은 사람이 밀집해서 살기 때문에 언제, 어느 때 무슨 사고가 발생할지 알 수 없다. 입주자 회의 때도 단지 내 소방 시설을 철저하게 유지 및 관리하도록 하고, 특히 소방차 주차 구역과 대형 소방차 통행로를 확보해 두어야 한다. 인명 구조를 위한 고가 사다리차는 넓은 회전 반경이 필요하므로 소방차 통행로 확보는 필수이다. 과거 화재 시에도 소방차가 진입하지 못하여 인명 피해가 난 적도 있다. 주차 질서를 꼭 지켜야 한다.

자식과 이별하자

지하철 화재

　수년 전에 대구에서 큰 인명 피해가 발생한 안타까운 지하철 화재 사고가 있었다. 불특정 다수인을 향한 정신 이상자의 막가파식 범죄 발생 위험은 상존하고 있다. 특히 근래에 들어서 조현병 환자가 많이 늘어나고, 그로 인한 여러 형태의 범죄도 증가하는 실정이다. 그 사고 이후로 의자도 불연재로 교체하고 사고 예방을 위하여 여러 가지 노력을 하고 있지만, 방화범 등으로 인한 우발적 화재 위험은 언제든지 있다.

　지하철은 지하 수십 미터 아래에 위치하여 화재 발생 시 대피하기도 어렵고 화재 진화와 인명 구조가 쉽지가 않다. 필자도 지하철을 타면 습관적으로 수상한 행동을 하는 사람이 있는지를 살펴보곤 한다.

　그리고 소화기 위치와 지하철 출입구를 수동 개방하는 곳의 위치와 방법을 파악해놓는다. 이건 오랜 세월에 걸친 직업적인 습관에서 오는 조심성 때문인데, 나쁜 습관은 아니다.

　아무 일이 일어나지 않은 평상시에 **'위급 상황이 발생하면 나는 어떻게 할 것인가?'** 하는 대비 하는 마음은, 누구에게나 필요하다. 특히 우리 자녀들은 어릴 때부터 습관화되면 유사시에 많은 도움이 될 것이다. 갑작스럽게 사고가 발생하면 패닉 상태에 빠져서 우왕좌왕하다가 생존에 필요한 골든 타임을 놓칠 수도 있기 때문이다.

지하철 객실 안에서 화재가 발생했을 때 초기에는 소화기가 정말 유용하다. 지하철 차량 칸마다 칸과 칸 사이 출입구 옆 벽면에 소화기가 각각 1대씩 두 대가 설치되어 있다. 요즘 지하철 안에는 가연성 물질이 거의 없어서 탈 것은 없다지만, 혹시 모를 방화가 발생해도 초기에는 소화기 한두 대면 거뜬히 진화할 수 있다.

요즘 아이들은 소화기 사용법을 대부분 알고 있다. 모르면 가르쳐 주면 된다.

지하철을 타면 꼭 소화기가 어디 있는지 소화기의 위치와 비상시 기관사와 통화하는 법, 지하철 문 수동 개방 방법 등을 사전에 알아두자. 많은 사람의 생명을 살릴 수도 있다.

또 승차장 구호용품 보관함에는 화재 발생 시 사용하는 화재용 마스크와 공기 호흡기, 물. 면 수건이 있어서 비상시에 사용할 수 있게 되어 있다. 평소에 지하철을 기다리면서 사용법이나 위치 등을 알아두면 유사시 요긴하게 사용할 수 있을 것이다. 얼마 전에는 지하철을 기다리면서 승차장에 안전 관련 시설이 비치된 것을 보고 다시 한번 사용 설명서를 자세히 읽어보았다.

그러나 문제는 이런 시설에 대하여 우리 모두 별 관심이 없다는 것이다. 그냥 스쳐 지나가면 아는 것이 아무것도 없게 되는 것이다. 설마 나에게 무슨 일이 일어나겠느냐고 생각하면서 말이다.

화재가 발생하면 전기가 차단되고 주변이 암흑처럼 어두워진다. **항상 소화기의 위치와 비상구 위치가 어디에 있는지를 습관적으로 파악해 두어야 한다.**

자식과 이별하자

필자가 2년 전에 러시아 여행 중 모스크바 지하철도 볼만하다고 해서 일부러 타 보게 되었다. 1935년에 시설을 1차로 만들었다고 하는데 지하철 깊이가 어마어마했다. 에스컬레이터로 지하 승차장까지 내려가게 되어 있고 지상으로부터 거의 100~200미터 깊이의 지하에 건설되어 있는데, 지하는 궁전처럼 대리석으로 호화스럽게 만들어져 있고 지하철 객실 안에도 가연성 물질 등은 일체 없고 오로지 쇳덩이와 유리뿐이었다.

탑승장은 대리석이고 기차는 쇳덩이라 행여 불붙을 만한 것이 아무것도 없다. 당시 지하 깊은 곳에 지하철을 건설한 것은 적의 공습과 핵전쟁 시 방공호로 쓸 수 있도록 하기 위해서였다고 한다. 만일 화재가 발생한다면 굉장히 어려운 사항에 직면할 것 같다.

지금은 모스크바 지하철 이용 인구가 세계 2위라고 한다. 러시아에서는 철도 안전에 대하여 철두철미한 보안을 지킨다. 시베리아 횡단 열차를 탈 때도 항공기 탑승 시와 같이 보안 검색대를 통과해야 하고 위험 물질 소지 여부를 철저하게 확인한다. 또 모스크바에서 지하철 탑승 시에도 CCTV와 보안 검색대를 통과해야 한다. 안전에 철저한 것은 이용자 입장에서는 약간 불편하지만, 오히려 안심이 되는 사항이다.

수학여행이나 가족 단위 숙박업소 이용 시 주의사항

오래전에 일본에 기술 연수를 받으러 갔을 때의 일이다. 호텔에 들어갔는데 초등학생들이 선생님 인솔하에 각 층의 복도를 걸어 다니기에, 무슨 일인지 알아보았다. 일본에서는 아이들이 수학여행을 하게 되면 호텔 방을 배정받으면 소지품을 방 안에 두고 다시 복도에 집합하여 선생님 인솔하에 질서 정연하게 그 호텔 전 층의 비상구와 소화기 위치를 파악하고 나서야 자유시간을 준다고 한다.

비상구는 문을 열어서 잠겨 있지 않은지 확인하고 비상 통로도 가 보는 등 안전에 관한 여러 가지를 확인하는 습관이 몸에 배어 있다는 것이다. 호텔 측에서도 당연한 것으로 생각하는 것 같다.

우리나라 같으면 보통 방을 배정받고 나면 자유시간인데, 일본은 지진이나 지진으로 인한 화재가 언제 발생할지 예측할 수 없으니, 사전에 피난 대피로를 일일이 둘러보고 화재나 지진 발생 시에 어떻게 대처해야 할지를 선생님과 함께 확인하고 질의 문답을 한다는 것이다.

그럼 일반 성인들은 어떻게 할까? 궁금해서 알아보니 학생들은 선생님 인솔하에 전 층을 다 둘러보고 확인하지만, 노약자는 자기가 숙박하는 층만이라도 피난 대피 시설이나 소방 시설을 확인한다는 것이다. 그다음 아래층은 다른 사람들이 확인하고 대피 시 안내를 받게 될 것이라고 한다. 많은 재해로 인한 안전 문화 시스템이 잘 구축되어 있음을 알 수 있었다. 남녀노소를 막론하고 안전에 관하여 큰 노력과 관심을 기울이는 것이다.

모든 건물이 다 마찬가지이지만, 숙박업소도 화재가 발생하면

자식과 이별하자

전기가 차단되니 피난구 유도등이나 플래시 불빛으로 대피로를 찾아 나가야 한다. 이때 사전에 한 번이라도 봐둔 것과 아무것도 모르는 상태에서 대피하는 것에는 큰 차이가 있다.

필자도 숙박업소에 가면 꼭 비상구와 소방시설을 확인하고 유사시 탈출 가능한 대피로를 확인한다. 이미 오랜 습관이 되었다. 그런 안전 습관이 결정적인 순간에 자신뿐만 아니라 많은 사람의 생명을 구할 수 있는 유일한 방법이라는 생각에 변함이 없다.

4. 유람선, 선박 이용 시를 대비한
생존 수영법

2년 전에 필자가 해외 크루즈를 타고 여행할 기회가 있어서 승선 절차를 밟고 배정된 호실로 가서 짐을 정리하고 잠시 쉬고 있으니 선내 방송이 나왔다. 지금부터 사고를 대비하여 교육이 있으니 호실별로 지정된 장소에 모여 달라는 공지 방송이었다.

모든 승객은 한 사람이라도 빠지면 안 된다고 했다. 교육 확인을 받아야 여행이 가능하다는 이야기도 했다. 필자도 처음에는 '이렇게 큰 98,000톤짜리 배에서 무슨 사고 날 염려가 있을까? 그냥 규정에 따라서 형식적으로 하는 거겠지.' 하고 생각했는데, 지정된 장소에 가니 구명조끼를 나누어 주고 입는 방법과 구명보트 탑승 안내 등 철저한 교육을 받았다.

배에는 수천 명의 승객이 타고 있는 만큼 구역별로 나누어 구명조끼와 탈출 장비들이 비치되어 있고, 담당 구역별로 탈출 안내 요원들이 배치되어 있다. 비상 대비 체제가 잘 준비되어 있고 시스템화되어 있음을 알 수 있었다. 여러 나라의 많은 승객 모두 진지하게 훈련에 임하는 모습이었다. 훈련을 받을 때는 귀찮았지만, 오히려 원칙대로 하는 것에 믿음이 갔다. '아! 내가 이 배를 타고 여행할 때는 안전하겠구나!' 하는 안도감 같은 것이 들었다. 나만

자식과 이별하자

의 생각이었을까?

얼마 전에 헝가리 유람선 참사가 발생했다.

그 사고에서 수영을 할 줄 알아서 살아난 사람도 있었고 또 물살에 떠내려가다가 물통이나 나무 조각 등의 부유물을 잡아서 구사일생으로 살아난 경우도 있었다. 유람선 침몰 사고에서 수영을 할 줄 알았더라면 좀 더 많은 사람이 구조될 수 있었을 것이다. 수영도 꼭 정식 수영이 아니라 생존 수영법만 알아도 목숨을 구할 가능성이 훨씬 높다. 설사 수영을 잘 몰라도 페트병을 활용하거나 몸을 최대한 활용하여 오래 떠 있는 법을 배우는 것이다. 우리나라도 세월호 참사 이후 이론 위주였던 수영 교육이 실기 위주로 바뀌었는데, 아직은 시설이나 여건 부족으로 인해 충분한 교육이 어려운 실정이다.

호수의 나라 핀란드는 수영이나 레저 낚시를 하다가 익사 사고가 자주 발생하는데, 비슷한 자연환경을 가진 스웨덴이나 노르웨이, 덴마크 중에서도 가장 높은 익사 사고율을 보여 생존 수영 교육에 큰 노력을 하고 있다고 한다. 핀란드에서 수영 교육은 국가 교육 과정에 구체적으로 명시된 유일한 스포츠이다.

WHO에서는 익사 사고율을 낮추는 가장 좋은 방법은 학교나 가정에서 수영 및 생존 기술을 가르치는 것이라고 한다. 이들 나라에서는 실제 상황을 가정하여 옷과 신발을 착용한 상태에서 훈련한다고 한다.

결국 생존 훈련의 핵심은 반복적인 훈련이다. 생존 방법을 몸에 기억시키는 것이다. 그러면 위기 시에 몸이 스스로 반응하게 된다. 가정에서도 부모와 함께 놀이 삼아 여러 가지 상황에 대처하는 방법을 익힌다고 한다. 그만큼 생존 방법 교육이 일상화되어 있다.

외국을 여행하면서 헝가리나, 프랑스, 이탈리아, 베니스 등에서 유람선을 많이 타 보았지만, 관광객 사진 촬영의 편의를 위해서인지, 아니면 그 나라의 문화인지는 모르겠지만 구명조끼 착용 권유를 받은 기억이 없다. 그쪽 종사자의 말들은 여태까지 오랫동안 사고가 없어서 안전하다고 하는 것 같은데, 그런 상황에서 나만 혼자 구명조끼를 입겠다고 우길 수도 없는 형편이다. 결국 나 자신의 생명은 나 스스로 지킬 수 있는 능력을 갖춰야겠다는 생각이 많이 들었다.

필자는 오랜 직업적 특성상 새로운 장소에 가거나 낯선 환경을 접하게 되면 만일 유사시에는 어디를 어떻게 해야겠다고 순간적으로 상황 파악을 하고 마음속으로 정리를 마쳐야 마음이 편해진다.

예를 들어, **유람선을 타게 되면 출입구 및 비상구 위치와 문을 여는 방향과 구명조끼 위치, 부착된 안내 표지를 잠시 파악하고 소화기 위치도 파악한다. 이를 확인하는 시간은 잠깐이면 된다.**

앞에서도 이야기했지만 당황하면 패닉 상태에 빠지게 되고 아무 생각도 안 난다.

처음에는 서툴러도 습관이 되면 잠시 잠깐이면 가능하다. 아무도 내 생명을 챙겨 줄 사람이 없다고 생각해야 한다. 단지 내가

자식과 이별하자

빨리 파악하고 다른 사람의 생명을 챙겨주어야 한다. 안전은 평소 작은 습관의 실천이다.

※ 죽기 직전에 깨우친 생존 수영법

필자가 생존 수영법을 익힌 기억이 난다. 수십 년 전의 일이지만, 너무 극적으로 배웠기에 아직까지 기억이 생생하다. 당시 초등학교 4학년 전후였던 것으로 기억하는데, 그때는 물놀이라고 해 봐야 수영을 할 줄 모르니 마을 냇가 얕은 곳에서 풍덩거리고 물장구치고 노는 정도였다. 그날은 며칠 동안 비가 많이 와서 냇물이 많이 불어난 상태라서 2~3일쯤 물이 줄어들기를 기다려 친구들과 냇가에 가서 예전처럼 얕은 곳에서 물장구를 치고 놀고 있었다. 큰물로 인하여 냇가 가운데 쪽에는 내 키의 두 배 정도의 깊이로 강바닥이 움푹 파여 있었는데, 그것을 모르고 놀다가 순간 발을 헛디뎌 깊은 물 속으로 내 몸이 쑥 미끄러져 들어가는 느낌이 들면서 발바닥이 땅에 닿지 않았다.

헤엄을 칠 줄 모르는데 물속에서 발이 땅바닥에 닿지 않는 두려움을 느끼는 순간이었다. 처음 당하는 일인 데다가 당황하면서 순간 머릿속으로 떠오르는 생각은 '아, 이제 죽었구나!'라는 생각이었다. 입으로, 코로 물을 마시게 되고 정신을 잃을 절체절명의 순간이 되자 나도 모르게 다리와 팔로 막 파닥거리고 팔로 물을 휘저으며 발버둥 쳤다.

그러는 순간 나도 모르게 내 몸이 물 위로 떠오르는 것이었다. 겨우 그 깊은 곳에서 벗어날 수 있었다. 그러면서 좀 전에 나의 팔다리를 움직여 밖으로 나오게 된 것이 너무 신기하고 순간 뭔가를 새로 깨닫는 느낌이었다. 다급해서 다리로 물을 찼고 팔을 휘둘렀을 뿐인데 몸이 떠올랐다는 것이 신기했다. 잠시 뒤 정신을 차리고 얕은 물에 가서 나름대로 수영을 해 보니 몸이 물에 뜨는 것이었다. 어느 정도 자신감이 생기자 며칠 동안 계속 가서 연습했다. 그랬더니 이제 어느 정도 물에서 자유로워졌다. 죽음 직전에서

자식과 이별하자

한순간 몸으로부터의 깨달음을 얻은 것이었다. 그 이후에도 정식으로 수영을 배운 것은 아니지만, 나름대로 다양한 수영법을 익히게 되었고 바다나 강에서 응용이 가능한 상태가 되었다. 물론 제일 좋은 방법은 안전하게 정식으로 수영 강습을 받는 것이다. 우연이지만 필자처럼 생존 수영을 배우게 되면 매우 위험할 수 있기에 절대로 추천하지 않는다.

5. 우리나라도
지진 안전지대가 아니다

지진은 정말 무서운 자연재해다. 우리가 서 있는 땅과 건물이 갑자기 흔들린다고 생각해 보자. 가구는 넘어지고, 물건들은 떨어져서 깨지고, 문은 비틀려서 안 열리고 벽에는 금이 가고 급기야 건물이 무너지기도 한다. 하늘이 무너져도 솟아날 구멍이 있다지만, 땅이 흔들리면 피할 데가 없다. 그래도 지진 발생 시에 대처 요령만 알면 피해를 줄일 수 있다.

지진이 일어난 순간 대부분의 사람은 '왜 이러지? 무슨 큰일이 일어났나?' 생각하고 119에 전화하거나 방송 속보나 재난 문자를 받아 보고 나서야 알게 된다고 한다.

최대한 사전에 대비하자

사실 지진에 현명하게 잘 대처하는 것은 쉬운 일이 아니다. 지진의 규모에 따라서 다르기는 하지만, 보통 지진 발생 시에는 큰 피해가 발생한다. 일본의 사례를 참고해 보아도 큰 강도의 지진이 발생하면 마땅히 대처하기가 쉽지 않다. 여기서 우리는 큰 피해를

자식과 이별하자

줄이기 위해 사전에 대비하는 것이 현명하다는 생각이 든다. 크게는 집을 지을 때, 내진 설계를 한다든지, 집 안에서는 가구가 넘어지지 않게 고정하거나 위험한 전기나 가스 시설의 안전 차단 방법 숙지, 베란다의 깨진 유리 파편을 방지하기 위해 안전 필름을 붙이는 것, 물건이 쉽게 흔들리지 않도록 고정하는 것 등의 여러 가지 대비를 하는 것이 지진의 피해를 최소화할 수 있는 방법이다.

또한 내 주변이 인적 네트워크로 잘 연결되어 있는 것도 중요하다. 멀리 있는 자식보다는 가까이에 있는 이웃의 도움이 더 필요하다. 위급 시에는 제일 가까이에 있는 사람의 도움을 받아야 할 때가 많다.

가정용 비상용품함은 생명을 구한다

현대 사회는 기상이변으로 인한 지진, 홍수, 산사태 등으로 언제, 어디서 갑작스러운 복합 재난이 발생할지 알 수 없다. 우리가 거주하는 집은 안전하다고 생각하지만, 큰 규모의 지진으로 대피에 실패하여 고립된다면 구조되기까지 상당한 시일이 걸릴 수도 있다. 혹시나 발생할지 모르는 재난에 대비하여 각 가정에 비상용품함을 설치해 놓는 것이 필요하다. 비상용 손전등, 휴대용 라디오, 핸드폰 배터리와 비상식량, 물 등을 넣어 놓는 함이나 배낭을 비치해 놓으면 유사시에 장기간 버틸 수 있는 힘이 된다. 또한 혹시 모를 부상에 대비하여 응급 처치 물품도 준비해 놓아야 한다. 고립된 사항에서는 외부로의 연락 수단과 구조 소식, 물 한 방울이 너무 소중하다. 아이들에게 생존에 필요한 준비를 가르치고 보여 주는 것은 매사에 조심하는 습관과 위기 대응 준비를 가르치는 것이다.

몇 년 전에 포항에서 지진이 발생했을 때 포항에 사는 필자의 친구는 갑자기 아파트가 흔들리며 거실 중앙에 달린 거실 등이 좌우로 흔들리며 천정에 부딪혀서 박살이 났다고 했다. 깜짝 놀라서 어떻게 해야 할지 아무 생각도 나지 않고 급한 대로 화장실로 뛰어 들어가 잠시 머무르는 동안에도 혹시 화장실이 무너져서 갇히게 되는 것은 아닐까 하는 생각에 너무 불안하고 무서웠다고 한다. 그렇게 큰 지진은 겪어 보지 않았으니 누구든 당황하게 되는 것이다. 사전에 어디로 어떻게 대피하고 어떤 행동을 할 것인지 잘 준비하는 마음가짐이 필요하다.

지진 대비 사전 준비 방법

집 안에서의 안전을 확보한다
- 탁자 아래와 같이 집 안에서 대피할 수 있는 안전한 대피 공간을 미리 생각해둔다.
- 유리창이나 넘어지기 쉬운 가구 주변에는 지진 발생 시 가까

자식과 이별하자

이 가지 않도록 한다.
- 깨진 유리 등에 다치지 않도록 두꺼운 실내화를 준비해 둔다.
- 화재를 일으킬 수 있는 전열기나 가스 등은 차단한다.

떨어지기 쉬운 물건은 미리 고정한다
- 가구나 가전제품을 설치할 때는 쉽게 넘어지지 않도록 고정한다.
- 떨어질 수 있는 물건은 높은 곳에 두지 않도록 한다.
- 진열장이나 그릇장 안의 물건들이 쏟아지지 않도록 문에 고정장치를 해 둔다.
- 창문 등의 유리 부분은 필름을 붙여서 유리가 파손되지 않도록 사전 조치를 한다.

평상시 가족회의를 통하여 위급한 상황에 대비하는 습관을 들인다
- 가스, 전기를 차단하는 방법을 알아 둔다.
- 머무는 곳 주위의 넓은 공간 등 대피할 수 있는 장소를 알아 둔다.
- 비상시 가족과 만날 곳과 연락할 방법을 사전에 정해둔다.
- 응급처치하는 방법을 반복해서 훈련하여 익혀 둔다.

비상용품함을 준비하고 항상 지정된 장소에 둔다
- 비상시에 대비하여 비상용품함을 준비해 두고, 보관 장소와 사용 방법을 알아 둔다.

- 아이들과 함께 일정 주기별로 비상용품을 같이 확인하고 교체
  해 준다.

비상용품함에 비치해야 할 것

① 비상식품: 물, 통조림, 라면 등 가열하지 않고 먹을 수 있는 것.
② 구급 약품: 연고, 감기약, 소화제, 지병약 등이 포함된 구급함.
③ 생활용품: 간단한 옷, 화장지, 물티슈, 라이터, 여성용품, 비
   닐봉지 등.
④ 기타: 라디오, 손전등 및 건전지, 휴대전화 예비 배터리, 비상
   금, 비상 연락망 등. 그리고 정부에서 제공하는 스마트폰 재
   난정보 애플리케이션(행정안전부 안전디딤돌 또는 기상청 지진 정
   보 알리미) 등을 설치해 둔다.

지진 발생 시에는 어떻게 행동해야 할까

- 지진으로 흔들릴 때는 탁자 아래로 들어가 몸을 보호하고 탁
  자 다리를 꼭 잡는다.
- 흔들림이 멈추면 전기와 가스를 차단하고 문을 열어서 출구
  를 확인한다.
- 건물 밖으로 나갈 때는 계단을 이용하여 신속하게 이동한다.
  엘리베이터는 사용하지 않는다.
- 건물 밖에서는 가방이나 손으로 머리를 보호하며 건물과 거리

자식과 이별하자

를 두고 주위를 살피며 대피한다.

- 대피 장소를 찾을 때는 떨어지는 물건에 유의하며 신속하게 운동장이나 공원 등 넓은 공간으로 대피한다.
- 라디오나 공공기관의 안내방송 등 올바른 정보에 따라서 행동한다.
- 엘리베이터에 있을 경우에는 모든 층의 버튼을 눌러 가장 먼저 열리는 층에서 내린 후 계단을 이용한다(지진 시 엘리베이터 이용 금지).
- 운전하고 있을 경우에는 비상등을 켜고 서서히 속도를 줄여서 도로 오른쪽에 차를 세우고 라디오 정보를 잘 들으면서 키를 꽂아두고 차에서 대피한다.
- 산이나 바다에 있을 때는 산사태, 절벽 붕괴에 주의하고 안전한 곳으로 대피한다. 해안에서는 지진 해일 특보가 발령되면 높은 곳으로 이동한다(국민 재난 안전 포털 참조).

※ 일본 고베 대지진 사례

　일본의 고베 대지진은 1995년 1월 17일 새벽에 리히터 규모 7.2의 강진이 발생하여 사상자가 5,400여 명, 건물 전파(全破)가 약 84,000여 호, 반파가 68,000여 호에 이르렀던 사건이다. 이 기간 동안 화재도 260여 건이 발생했다. 이 지진은 도시의 지하에서 발생하여 교통 시설, 특히 철도, 고속도로 등이 파괴되거나 마비되었고, 또 지진이 종료된 후에도 수 시간 후, 혹은 수일 후에 2차 화재가 많이 발생했다. 각종 공장의 위험 시설 등에 있는 배관이나 탱크가 지진으로 인한 균열이나 파괴 등으로 위험물이 흘러나오면서 화재가 나거나 가정 주택의 가스 누출, 전기 합선 등에 의한 2차 요소에 의해서 화재 피해가 많이 발생한 것이다.

　필자는 지진 발생 후 약 1년 만에 고베에 방문했는데, 그 당시에도 도시에는 파괴된 흔적이 많이 남아 있었고 복구공사가 한창이었다.

　지진은 정말 무섭다. 당시의 사진을 보니 한 도시가 이렇게 망가질 수 있을까 싶은 생각이 든다. 만일, 지진이 발생하면 어떻게 해야 할지 많이 고민했던 시간이었다. 사전에 지진의 예방은 어려워도 대응 방법을 잘 익혀서 피해를 최소한으로 줄일 수 있어야 하겠다.

자식과 이별하자

6. 어린이
교통사고

　필자의 손주들은 어느새 커서 6살 막내가 유치원에 다니기 시작하고 11살, 10살 아이들은 스스로 학교와 학원에 다녀야 한다. 부모가 가장 염려하는 것이 등하교 시간대에 일어나는 교통안전사고이다. 등하교 시에는 부모로부터 상당 시간 보호를 받을 수 없게 되니, 아이는 스스로 교통사고로부터 본인을 지키는 방어 능력이 필요하다. 그러나 어린아이가 교통사고를 인지하여 자신을 지키는 데는 한계가 있다.

　요즈음 신문에서 연일 보도되는 어린이 교통사고 소식을 접하면 남의 일 같지가 않다. 내 자식도 소중하지만, 남의 자식 또한 소중하다. 또한, 어린이는 우리 모두의 소중한 미래의 희망이 아닌가. 우리 기성세대가 어린이 교통안전을 꼭 지켜 주어야 한다.

　먼저 우리 어른들이 실천할 수 있는 제일 중요한 것은 아이들에게 교통안전에 대하여 충분히 가르치고 부모가 먼저 안전을 지키는 모범을 보이는 것이다. 교통안전도 어릴 때부터 습관을 잘 들여야 한다.

　첫째, 횡단보도를 건널 때는 신호를 반드시 지키도록 하고 파란

불이 들어와도 오는 차가 없는지 좌우를 확인하고 건너야 한다. 또한, 건널 때는 뛰지 않고 걸어가야 한다고 가르친다.

둘째, 차가 다니는 도로변에서는 공놀이를 하거나 친구들과 놀이를 하지 않도록 가르쳐야 한다. 아이들은 놀이에 정신이 팔려서 차가 오는지도 모르고 도로 가운데로 공을 잡기 위해 뛰어나가기도 한다. 갑자기 아이들이 뛰어나오면 달리는 차는 피하기가 쉽지 않다.

셋째, 아이들이 스마트폰을 보면서 도로를 걷지 않도록 해야 한다. 성인들도 이런 경우가 많은데, 필자가 아는 사람은 스마트폰을 보고 걷다가 발목 골절로 오랫동안 고생한 적도 있다. 이런 습관은 아주 위험하다.

넷째, 횡단보도의 초록불이 깜빡이면 건너지 않고 다음 신호 때까지 기다렸다가 건너가도록 가르친다. 급하게 뛰다 보면 사고 위험이 커진다.

다섯째, 자동차의 신호 방식에 대하여 알려주자. 자동차의 깜빡이 신호는 자동차가 가려고 하는 방향을 표시하는 것이고, 자동차 뒷부분에 밝은 불이 켜지면, 차가 후진하려고 하는 것임을 가르쳐 주자.

여섯째, 부모가 아이들과 함께 차가 있는 도로변으로 갈 때는 위험 상황에 대하여 구체적으로 하나하나 사례를 들어가며 가르쳐 주어 조심하게 해야 한다.

일곱째, 차에 탑승하면 부모부터 전 좌석 안전띠를 매는 것을 생활화해야 아이들도 따라 한다. 안전띠는 생명 띠이다.

자식과 이별하자

여덟째, 요즘은 아이들이 자전거와 전동 킥보드를 많이 타는데, 안전사고에 많은 주의를 시켜야 한다. 아이가 사고를 당해서도 안 되겠지만, 남을 다치게 해도 큰일이다. 반드시 안전장비 착용을 하게 하고, 주의사항을 철저하게 숙지시켜야 한다.

7. 부모의 운전 습관이
아이에게는 교본이다

가족이 다 함께 나들이를 하러 갈 때가 있다. 차 안에서 이루어지는 부모의 좋은 행동, 나쁜 행동 모두가 아이에게는 배움의 장이다. 부모의 거칠고 난폭한 운전을 보고 자란 아이는 거의 부모의 운전 방식을 답습하기 쉽다. 또한, 차 안에서 타인에게 하는 욕설이나 고함을 듣고 자란 아이는 성인이 되면 자기도 모르게 그렇게 따라 하게 된다. 특히 밀폐된 공간에서는 학습 효과가 더 뛰어날 수밖에 없다.

한 번은 지인의 차를 같이 타고 가게 되었는데, 그 지인은 그렇게 급한 일도 아닌데 운전만 하면 급한 성격으로 바뀌어 과속을 한다. 동승하는 내가 불안을 느끼고 천천히 가자고 해도 소용이 없다. 자기는 습관이 되어서 잘 안 된다는 것이다. 나도 긴장이 되어 다리에 힘이 많이 들어가 온몸이 경직된다.

습관이란 참 무섭다. 다른 습관도 아니고 목숨을 건 과속 습관이니, 다음에는 절대 같이 차를 안 타겠다고 속으로 다짐하게 된다. 교통사고를 유발하거나 당하지 않으려면 평소 운전 습관이 매우 중요하다.

부모부터 모범을 보이자. 우리 아이들의 안전한 운전 습관을 위

자식과 이별하자

하여 말이다.

또한, 아이들이 성장하면서 운전에 대한 호기심이나 방송 등을 모방하려는 심리로 인하여 부모의 차나 훔친 차를 이용한 무면허 운전으로 사고가 발생하여 그 희생자가 늘어나고 있다. 중고등학 생들에게는 운전의 위험성과 사고의 책임 등에 대하여 알려 주고, 친구들과 어울려서 사고를 일으키는 일이 없도록 부모의 철두철 미한 교육이 필요하다.

8. 화재 등 각종 사고 시에는 신고를 잘해야 한다

화재나 각종 사고 발생 시에는 당황하지 않고 신고를 정확하게 잘하는 것이 필요하다. 화재가 발생하면 119에 신고를 해야 하는데 너무 당황한 나머지 전화번호가 기억이 나지 않아 114에 전화해서 불이 났는데 몇 번에 전화해야 하느냐고 묻는 일도 있었다고 한다.

다른 사람의 사고 시에는 침착하게 신고도 잘해 줄 수 있지만, 막상 자기의 사고 시에는 평소 너무 잘 알고 있는 번호지만 갑작스러운 패닉 상태에 빠져서 기억이 나지 않을 수도 있다. 신고를 정확히 해야 소방대가 빠르게 찾아갈 수 있고, 상황을 정확히 알면 훨씬 효과적으로 신속하게 대응할 수 있다.

또한, 위험에 처한 사람에게 적절한 대응 방법을 알려주면 피해를 최소화할 수 있다. 그러나 그 상황에 처한 사람이 육하원칙에 따라서 조리 있게 말하기란 어렵기 때문에, 평소에 가족들과 함께 연습해 볼 필요가 있다. 그리고 집에는 화재 발생을 대비해서 미리 신고 내용을 적어서 비치해 놓았다가 급할 때 가족이 활용하는 것을 권장하고 싶다.

아이들에게는 화재 교육을 하면서 함께 신고 내용을 작성해 보

자식과 이별하자

면 아이들이 다른 곳에서도 위기 시에 조리 있게 말하게 될 것이다.

수년 전에 ○○아파트 단지 15층 아파트 거실에서 화재가 발생했다. 남편은 야간 근무라 집에 없었고 부인은 아이 둘과 안방에서 자고 있었는데 거실에서 화재가 발생하여 방 밖으로 나갈 수 없는 상황이었다.

엄마가 휴대전화로 화재 신고를 하고 소방서 담당자는 전화로 엄마를 안정시키면서 소방대가 도착할 때까지 행동 요령을 알려 주어 모두 무사히 구출될 수 있었다.

자칫 패닉상태에 빠져서 함부로 행동했다면 매우 위험한 상황이 될 수도 있었지만, 엄마의 차분한 신고로 상황을 정확하게 파악한 소방서 직원의 적절한 대응으로 귀중한 인명 피해를 막을 수 있었다.

신고할 때 주어진 상황을 제대로 알려 주는 것이 생명을 구하는 데 큰 도움을 줄 수 있다. 다른 모든 긴급한 상황에서도 마찬가지이다. 신고 방법을 머릿속으로 잘 정리해 놓자.

9. 백 번 듣고 보는 것보다는 실제 체험을 한 번 해 보자

안전 체험관을 이용하여 체험하면 큰 도움이 된다

앞에서 아이들의 안전을 지키기 위한 여러 가지 방법들에 대하여 이야기했다. 그러나 안전을 지킨다는 것은 이론만으로 되는 것이 아니다. 제일 좋은 방법은 직접 주어진 상황을 접하면서, 몸에 체득하는 것이 가장 좋은 방법이다.

그러나 개인이 실제 상황을 연출하기는 쉽지 않다. 하지만 다행히도 우리나라에는 각 지방 자치단체에서 만들어 놓은 크고 작은 안전 체험관이 많다. 서울의 광나루 체험관을 비롯하여 부산, 대구 시민 안전 체험관 등 본인이 사는 지역에서 '안전 체험관'을 검색하면 체험할 수 있는 내용과 장소 예약 방법 등이 자세히 나온다. 이곳에서는 소방관들로 구성된 전문 교관들이 자세한 설명과 함께 안전한 실습을 할 수 있도록 도와준다.

전부 무료로 이용할 수 있으며 다양한 재난 체험이 가능하고 아이와 부모가 다 함께 체험할 수 있어서 더욱 좋다.

아이들과 함께 야외 나들이를 겸해서 같이 가면 아이들도 재미있어하고 절대 후회하지 않을 좋은 체험이 될 것이다. 필자가 아는 어느 부부는 아이들과 함께 여행을 다니면서 안전 체험관에도

자식과 이별하자

일 년에 두세 번은 꼭 간다고 한다. 자주 가다 보니 아이들이 안전에 관한 상당한 지식과 자신감을 갖게 되었다고 한다. 여행도 하고 체험도 하니 일거양득이다.

※ 과연 인명은 재천일까

우리는 살아가면서 수많은 사람의 안타까운 죽음을 종종 접하게 된다.

필자가 잘 아는 지인의 아들이 운전하는 차가 고가도로에서 빗길에 미끄러지면서 짧은 삶을 마감했다. 오로지 자식이 하나뿐인데, 그 아버지는 너무 아쉽고 안타까운 마음에 술로 살아가다가 또 1년 만에 삶을 마감했다.

어느 혼자 사는 할머니의 28살 아들은 밤중에 오토바이를 타고 가다가 교통사고로 삶을 마감하니 그 아버지 또한 병이 나서 아들의 뒤를 따라갔다. 이제 할머니는 아들과 할아버지를 먼저 보내고 혼자 모든 슬픔을 가슴에 안고 하루하루 힘겹게 살아간다. 어린아이가 학교 근처에서 교통사고를 당한다. 이처럼 우리 주변에서는 많은 사건과 사고들이 매일같이 발생하면서 귀중한 생명들이 유명을 달리한다.

어떻게 하면 이렇게 불행한 일을 당하지 않고 살 수 있을까? 아마 지구상에 사람이 사는 한 이런 사고가 없어지지는 않을 것이다. 그래도 이런 불의의 사고를 당하지 않으려면 우리의 운명을 오로지 하늘에만 맡기지 말고 매사 조심에 조심을 거듭하면서 살아갈 수밖에 없다. 살얼음판을 걷는 것처럼 말이다.

자식과 이별하자

제5장

내 손주들은
이렇게
자라주면
좋겠다

대한민국의 모든 어린이는
우리 모두의 미래입니다

1. 아이들이 자라는 것을 보면서
떠오르는 여러 가지 생각들

　필자는 미 동부를 여행하면서 많은 새로운 것을 볼 수 있었다. 궁금한 것은 알아야 직성이 풀리는 성격이라 가이드에게 이것저것 질문을 많이 했다. 그중에서도 가장 관심이 많이 가는 것이 미국의 유명 대학들이었다. 나나 자식은 이제 안 되겠고, 손주들이 5명이니 차근차근 준비를 잘 시키면 한두 명은 미국에서 공부를 할 수도 있겠다는 생각이 든다. 마침 가이드가 유학 부분에는 매우 전문가 수준이라 많은 대화를 나눌 수 있었다. 가이드의 생각에도 한국의 많은 젊은 학생들이 왜 미국에 공부하러 안 오는지 모르겠다고 이야기한다. 생각보다 경비가 많이 드는 것도 아니고 학비 감면이나 다양한 혜택이 많이 있으며 본인의 노력 여하에 따라서는 아르바이트 등으로 생활비를 벌어서 보탤 수도 있다고 한다. 그러면서 유학을 좀 더 쉽게 할 수 있는 여러 다양한 방법을 이야기해 주었다. 현지에서 직접 몸으로 부딪치면서 배운 소중한 이야기들이다. 탁상공론이 아니라 고국의 발전을 위하는 애국심에서 하는 이야기였다. 젊은 대학생들은 너무 겁먹지 말고 일단 목표를 세우고 도전부터 해야 한다고 강변했다. 나도 덩달아 미국 유학의 꿈을 꾸고 싶었다.

이 책의 제1~4장에서는 아이들에게 어릴 때부터 경제 교육과 인성 교육을 잘하고 또 좋은 습관을 들이고 자기 자신의 안전을 지킬 수 있는 교육까지 해서 성년이 되면 경제적인 이별을 하는 것이 자식과 부모가 함께 사는 길이라는 요지로 이야기를 했다.

이 장에서는 손주들이 자라는 것을 보면서, 또 세상의 흐름을 보면서 떠오르는 여러 가지 생각들을 그때그때 메모해 둔 것을 아이 키우는 여러 부모가 참고하면 좋을 것 같아 적어 보았다.

우리의 머릿속에는 고정관념이라는 콘크리트 상자가 들어있다. 나는 내 머릿속의 상자를 깨부수고 싶다.

2. 미국 유학에
도전하는 마음

미국에 몇 번 갈 기회가 있었다.

먼저 미 서부를 둘러보게 되었는데, 미 서부 영화에서나 봤던 광활한 땅과 잘 보존된 자연환경을 보니 세계적인 관광지로서 손색이 없다는 생각이 들었다. 가도 가도 끝이 없는 넓은 광야를 보니 가슴이 뻥 뚫렸다. 또 미 동부 지역을 여행하면서는 뉴욕에 있는 하버드대학교나 MIT 대학교에 가 보니, 전 세계 각지에서 온 듯한 많은 학생이 삼삼오오 모여서 공부도 하고 토론하는 모습을 볼 수 있었다.

이런 세계적인 대학에서 공부하는 아이들은 어떻게 자라 왔고 또 공부는 얼마나 잘 할 것인지 부러운 마음이 가득 들었다. 우리나라의 많은 젊은 학생이 저 캠퍼스를 가득 채울 수 있다면 나라 발전에 얼마나 도움이 될까?

또 우리 손주들이 이런 곳에 와서 공부할 수 있다면 세상을 보는 눈도 달라지고 식견 또한 글로벌화되지 않겠는가 하는 생각이 들었다. 내 자식들은 이미 결혼하고 사회생활을 열심히 하고 있으니 미국에 오는 것은 어려운 일이고, 우리 손주들은 가능할 것 같다는 생각이 든다.

자식과 이별하자

그런데 우리 생각에는 아이들이 미국에 유학하러 가면 돈이 많이 들고 엄마가 따라가니 부부가 생이별을 해야 한다고 생각하는 경우가 많다. 할아버지인 내가 경제적인 능력이 있어서 뒷받침해 줄 수 있다면 좋은데, 그것도 아니고 부모들도 여유가 없는 상황이다. 그래도 미리 포기하기에는 너무 아쉬움이 남아서 많은 고민과 연구를 해 보았다. 어떻게 하면 가능할까? 마침 아는 분이 미국 유학을 갔다가 그곳에서 사는 분이 있고 해서 문의도 해 보고 유학원 관계자 등 유경험자들의 이야기와 관련 서적도 읽으면서 손주들의 미국 유학 실현을 위하여 구체적이고 생생한 꿈을 꾸어 보기로 했다. 그 준비 과정을 알아보자.

미국 유학을 해야 하는 이유

미국 유학에는 여러 가지 이유가 있을 수 있지만, 가장 큰 이유는 우리 자식의 교육은 우리 모두의 희망이며 미래이기 때문이다. 우리의 아이들은 무한한 가능성을 지니고 있다. 돈이나 땅은 세월이 가면 없어질 수 있으나 배움은 결코 도둑맞거나 홍수에 휩쓸려 가지 않는다. 아이의 머릿속에 들어 있는 소중한 재산은 평생 동안 보물 창고가 되어서 두고두고 꺼내어 쓸 수 있다. 아이에게 재산을 남겨줄 생각을 하지 말고 미리 무한한 지식과 지혜를 남겨 주는 것이 현명한 부모라고 생각한다. 미국은 전 세계의 금융과 첨단 기술을 선도하는 세계 최고의 일류 국가이다. 세계 최고가 되려면 최고에게 배워야 한다.

미국에 가서 공부할 수 있는 최선의 방법은 무엇일까

조기 유학이라고 해서 아이는 어릴 때부터 엄마와 같이 함께 유학을 떠나고 아빠는 한국에 남아 돈을 벌어서 학비를 보내는 기러기 가족이 있는데, 얻는 것보다는 잃는 것이 더 많을 것 같다. 조기 유학에 대해서는 그동안 여러 차례 신문에서도 보도된 적이 있지만, 아이는 어릴 때 가서 정체성을 상실하게 되고 부모와 자식과의 끈을 놓칠 수가 있다.

아무리 가족이라도 오랜 기간 떨어져서 생활하다 보면 경제적 어려움과 고독 등으로 절망하는 경우가 많다. 이런 안타까운 사연을 접하게 되면 기러기 가족이 되어 어릴 때부터 조기 유학하러 가는 것은 바보 같은 짓이라는 생각이 들기도 한다.

한국에서 기러기 가족이 많은 이유는 교육을 통한 신분 상승 욕구 경제적 성장, 세계화 등 그 어떤 대가를 치르더라도 자신의 자녀는 잘 키우겠다는 목표가 신념화된 경우가 많다. 가족이 모두 함께 가는 경우가 아니라면 조기 유학은 반대하고 싶다. 아이가 커서 홀로 유학을 하러 가도 얼마든지 성공할 기회가 주어진다고 한다. 그 대신 아이가 홀로 본격적인 유학을 시작하기 전에 가능성 여부를 미리 알아보기에 가장 좋은 방법으로 중고등학교 때 교환 학생 프로그램을 이용하는 것을 적극적으로 추천하고 싶다.

자식과 이별하자

교환 학생 프로그램이란 무엇인가

교환 학생 프로그램은 미 국무부가 1981년에 제정한 국제 청소년 교류 계획에 따라서 세계 각국에서 청소년을 선발해 미국의 문화를 알리는 국제 문화 교류 프로그램이다. 원하는 나라에서 고등학교 과정을 졸업하고 대학 진학까지 고려하는 '유학'과는 다르게 교환 학생은 일정 기간을 마치고 귀국하여 본래의 학업을 이어 가거나 본격적인 유학을 이어 가는 등 다양한 길이 있다.

비용이 비슷하다면 유학을 하러 가는 것도 좋은 방법이지만, 동일 기간 동안 미국에서 지낸다고 가정하면 교환 학생이 총 경비가 월등히 저렴하다. 특히 미국 교환 학생 프로그램은 미 국무성에서 주관하는 국가 지원 프로그램이기 때문에 미국에 청소년 외교관이라는 입장으로 초청되어 더 안전하게 보호받을 수 있어서 부모들의 입장에서는 교환 학생 프로그램이 더 좋을 수 있다.

교환 학생 프로그램은 중고등학생들에게 딱 한 번씩 주어지는 특별한 혜택이므로 꼭 장기 유학의 선행 단계로 참가하지 않더라도 선진국의 교육 환경을 경험할 수 있고, 장기간 영어권에서 24시간 생활하면서 높은 수준의 영어를 배울 수 있다.

미 국무성에서 주관하는 교환 학생 프로그램에 참가하기 위해서는 미 국무성에서 지정한 교환 학생 재단을 통해서 참가할 수 있다. 70여 곳의 재단이 있고, 대부분의 재단이 기본적인 역량을 가지고 있지만 노하우가 부족해서 배정에 실패하는 사례도 있다고 하니, 가급적 한국에서 운영하는 교환 학생 재단을 통하는 것이 유리할 것 같다. 생각이 빠른 부모들은 학부모가 열정을 가지고 사전에 알아보고 미리부터 준비하는 것이 실패하지 않는 지름길이라고 생각한다. 또 국내의 대기업에서도 해외 교환 장학생 프로그램을 운영하는 곳이 있으니 미리 알아보고 준비하는 것도 좋은 방법이다.

교환 학생 프로그램에 참가하면 좋은 점은 무엇일까

이 프로그램은 아이들이 험하고 힘든 세상을 살아가는 방법을 자연스럽게 터득하게 해 준다고 한다. 도전과 모험을 통하여 세상을 배우고 세계의 리더로 성장하기 위한 트레이닝 과정으로서 더없이 좋은 계기가 될 것이다.

교환 학생으로 체류 중에 얻은 경험은 일생을 두고 결코 잊을 수 없는 소중한 추억과 개인 발전의 원동력이 될 것이다. 언어도 한국어가 아니라 영어를 사용하고 새로운 환경과 생활 습관에 적응해 나가야 하는 등, 평생 소중하게 간직할 모험과 새로운 글로벌 친구를 사귄다는 것은 자신의 성장에 더없이 좋은 기회가 되리라 생각한다.

또한, 본인이 유학을 계획한다면 사전에 유학에 대한 정보와 미국 생활에 대한 적응 여부를 판단하는 데 매우 유용한 기회가 될 것이다.

자식과 이별하자

교환 학생 프로그램 사전 준비는 무엇부터 해야 할까

동기 부여와 목표 정하기

아이에게 미국에 가서 공부하는 꿈과 희망을 품도록 동기 부여를 해 주는 것이 그 첫 시작이 될 것이다. 어른도 마찬가지이지만, 아이에게도 미래에 대한 꿈과 희망이 있어야 어려움을 참고 견디는 인내심을 갖게 될 것이다.

필자의 손녀는 10살인데 케임브리지 대학에 진학할 꿈을 갖고 영어 공부를 열심히 하고 있다. 그리고 미리 케임브리지 대학에 한번 가 보고 싶다고 한다. 어떤 때는 공부를 안 하면 "너 케임브리지 대학에 안 갈 거야?" 하면 다시 정신을 차리고 공부한다고 한다.

사람은 누구나 꿈과 희망이 있어야 한다. 꿈과 희망이 없으면 사는 것이 무의미하다. 미래의 꿈과 희망에 따라서 장단기 목표가 세워질 것이고 본인의 행동과 습관을 바꾸고 지속해서 피드백하면서 성장할 수 있을 것이다. 그리고 꾸준히 나아가다 보면 어느새 목표에 도달하여 깃발을 흔들고 있을지 모른다. 아이들에게 이런 세상도 있다고 알려주자. 그다음은 아이가 스스로 판단할 것이다.

영어 공부하기

요즘은 유치원에 가면 벌써 영어 공부를 시작한다. 아이가 5~6

살 때부터 영어 공부를 시작한다는 말이다. 그동안의 영어 공부 실패를 거울로 삼아서 회화 위주로 영어 공부를 하고 있다니 좋은 현상이다. 돈 안 들이고도 큰 경제적 부담 없이 공부할 수 있는 길은 많다. 필자도 여행 영어 공부를 한다고 EBS 방송을 보며 공부하고 있지만, 시스템이 참 잘되어 있다는 생각이 든다. 본인이 하고자 하는 마음만 있으면 말이다.

다른 나라에 가기 전에 그 나라의 언어를 유창하게 구사하는 것까지는 아니어도 어느 수준 이상은 되어야 할 것이다. 여행을 가도 마찬가지다. 언어가 가장 큰 준비 사항이다. 만약 중고등학생 때 가는 교환 학생도 일정 수준 이상의 언어가 되면 1년이란 기간 안에 언어 실력이 일취월장할 것이라는 생각이 든다. 교환 학생 프로그램에서 성공하려면 영어 습득은 반드시 넘어야 할 과제이다.

손녀의 아빠인 사위는 본인의 직업 때문이라도 영어 공부를 열심히 해야 하지만, 계속 영어를 공부하면서 아이들에게도 영어로 대화를 시도하고 있다고 하니, 아이가 초등학교 고학년이 되면 어느 정도 수준이 될 것 같다. 조기 유학하러 가지 않고도 영어를 유창하게 구사하고 동시통역사가 된 사례는 많다. 일단 국내에서 도전해 보자. 열정만 있으면 길은 분명히 있다.

독립심과 자립심을 키워야 강해진다

요즈음 우리 부모는 아이들을 너무 과보호하는 경향이 많은 것 같다. 모든 것을 부모가 대신해 주는 판이다. 물론 아이들을 적게

자식과 이별하자

낳으니 잘 키우고 싶은 부모의 마음도 이해가 가지만, 과연 이 아이들이 부모와 잠깐이라도 떨어져서 살 수 있을까 하는 의문이 든다. 아이를 미국에 보내고 싶으면 지금부터라도 부모와 떨어지는 훈련을 할 필요가 있다.

아이들에게 부모가 없어도 스스로 생활할 수 있는 능력을 키워 주자는 것이다. 중학교 2학년 정도면 혼자 모든 것을 결정하고 자신의 모든 것을 스스로 판단할 수 있는 나이이다. 언제까지 부모의 품 안에 둘 것인가? 〈동물의 왕국〉을 보면 어미가 낳아서 일정 기간 보호해 주고 생존하는 법을 가르쳐 주고 나면 자식을 맹수가 우글거리는 밀림으로 내보낸다. 한시라도 빨리 독립심과 자립심을 길러서 강하게 만들어 주자.

책임성을 길러 주어야 한다

아이에게 매사에 독립심을 가지고 스스로 통제하고 조절하는 능력을 키워 주고 특히 숙제 등 맡은 일에 대한 책임을 다하는 자세를 길러 주어야 한다. 외국에 가면 호스트 가정에 가게 되는 경우가 있다. 여러 가지로 마음을 써 주는 호스트도 있겠지만, 결국은 아이 스스로 학교 과제물을 해야 하고 수행하는 일들이 많이 있을 수 있으니, 매사에 스스로 책임을 지고 자신 있게 처리하는 습관을 길러 주어야 한다. 책임성은 금방 길러지는 것이 아니다.

가족이 서로 협동하여 생활하는 법

아이가 호스트 가정에 가면 그 가정의 규칙을 따라야 한다. 식사 후 설거지, 청소 등을 함께하고 집안일을 분담하여 가족들이 가정의 여러 가지 일을 함께하는 습관을 길러 주어야 한다. 이것이 외국 가족의 생활 문화이다. 미리 우리 가정에서 가르치고 배우면 훨씬 더 적응하기 수월하고 금방 익숙해질 것이다. 맡은 일을 잘하고, 못하고의 문제가 아니라 다 같이 함께한다는 마음을 길러 주는 것이다.

사전에 많은 정보 수집과 분석이 필요하다

필자가 아이의 문화 체험이나 유학을 위하여 여러 방법과 길을 알아본 바에 의하면, 먼저 부모의 사전 공부와 충분한 준비가 있어야 하고 철저한 정보 수집과 분석이 필요하다. 부모가 많이 노력하면 할수록 경비는 아주 적게 들이고 효과는 극대화할 수 있는 길이 많다.

미국 유학에 실패하여 많은 경비와 시간을 낭비하고 경제적으로 어려운 사항에 처한 사람도 많다. 실패하지 않으려면 일단 교환 학생 프로그램에 참가하여 다양한 경험과 영어 공부 등 여러 가지를 스스로 판단하고 유학의 가능성을 본인 스스로 미리 체험해 보자. 그런 소중한 기회가 될 수 있다.

우리의 사랑하는 자식들을 더 넓은 세상에서 많은 지혜와 지식을 쌓게 해 미래의 우리 한국을 이끌어나갈 수 있는 인재로 키울 수 있었으면 하는 간절한 마음이다.

자식과 이별하자

3. 실패와 좌절을 이겨낼 수 있는 정신자세

우리 부모는 자기 자식이 열심히 공부해서 좋은 대학에 가고 괜찮은 직장에 취직해서 안락하고 편안한 삶을 살기를 바란다. 그래서 아이들에게 어릴 때부터 오로지 공부만이 최고라는 생각의 틀 속에 넣고 죽기 살기로 공부만 강요한다. "너는 아무 걱정하지 말고 오직 공부만 해라."라고 한다. 그러나 우리가 실제로 삶을 살아 보면 모든 일이 공부만 잘한다고 뜻대로 잘 이루어지는 것은 아니다. 분명히 많은 실패와 좌절이 함께한다.

가장 중요한 것은 좌절과 실패 속에서도 끝까지 포기하지 않고 일어서는 정신 자세를 가지게 하는 것이다. 어릴 때 무엇이든지 도전하게 만들고 크고 작은 실패도 해 보고 또 도전하는 경험을 해 보면서 성장하게 하는 것, 이것이 좌절에서 쉽게 포기하지 않고 다시 일어서게 하는 성공 습관의 시작이다.

우리의 사랑하는 자녀들이 좌절과 실패를 하고 그 실패한 이유를 알아내어 다시 도전하는 자세는 이 세상을 살아가는 데 가장 큰 힘이 될 것이다. 부모가 한 번에 다 날릴 수도 있는 유산을 물려주는 것보다는 고통스러운 실패와 마주 할 수 있는 용기와 다시 도전할 수 있는 강인한 정신력을 길러 주는 것이 현명한 부모라는 생각이 든다.

자식과 이별하자

4. 자신의 몸과 주변을
스스로 챙기는 마음

　필자가 서유럽을 여행하면서 독일 공항에서 비행기 탑승을 기다리고 있는데 독일인 가족들이 함께 여행을 가는 모습을 보았다. 그런데 8살에서 10살 내외의 아이들 2명이 모두 각자의 배낭과 캐리어를 끌고 걸어가고 있었다. 부모는 캐리어만 끌고 가고 있고 엄마는 배낭만 메고 가고 있었는데, 우리 같으면 아이의 캐리어를 부모가 대신 끌어 줄 것 같은데 그러는 법이 없었다.

　독일에서는 아이들이 모든 것을 아이 스스로 하게 한다고 한다. 같은 비행기 내에서 좀 떨어진 좌석에 앉았는데 아이들은 책을 꺼내어 보거나 태블릿을 보았다. 부모에게 칭얼거리거나 귀찮게 하지 않았다. 자세도 반듯하게 앉아서 갔다. 장거리인데도 필자도 몇 시간 앉아 가니 몸이 뒤틀리기 시작했는데 아이들은 잘 참고 견뎠다.

　3년 전에 러시아 시베리아 횡단 열차를 타고 여행하던 중에 이르쿠츠크에서 바이칼호수 알혼섬 투어를 위하여 미니버스를 타고 6시간을 갔던 적이 있다. 버스에는 동양인 4명과 유럽인 10명이 탔는데 좌석 사이가 우리 동양인 체구에도 비좁을 지경이라 덩치 큰 서양인이 앉아서 가기에는 매우 비좁았다. 그러나 비포장도로를 달리는 동안 내내 매우 불편했을 텐데도 꼼짝하지 않고 반듯하게 앉아서 가는 것을 보고 속으로 감탄한 적이 있었다. 그들은 가정에서 주어진 여건이나 환경 속에서 참고 견디는 인내 교육을 받는다고 한다.

남에게 조금의 피해도 주지 않으려고 하는 모습도 보였다. 우리는 어린아이들에게 최대한 자유를 주고 싶어 하는데, 스스로 자신을 참고 견디며 인내하는 자제력이 대단하다는 생각이 든다. 자녀에게 자신에 관한 것은 모두 스스로 하게 가르치고 자립할 수 있도록 하는 것이 부모가 자녀의 장래나 부모 본인의 노후를 위해서도 꼭 필요 하다.

자식과 이별하자

5. 주관적 판단을 할 수 있는
자주 정신

남의 도움이나 지시 없이 혼자 힘으로 현재 상황을 판단하고 적절하게 행동할 수 있는 능력이 있어야 한다. 규정과 명령이 있지만, 때로는 전체적인 상황에 맞게 유연하게 대응할 수 있는 '독립적 사고'를 할 수 있는 사람이 되는 것이 중요하다. 또한, 무조건 여러 사람의 선택에 따르지 않고 현 상황에 가장 알맞는 최선의 결정과 행동을 과감히 할 수 있는 각오를 항상 마음속에 품고 살도록 키워야 한다.

요즘 젊은 부모들은 한 자녀가 주로 많으니 아이들을 너무 해달라는 대로 다 해 주고 방만하게 키우는 부모도 있다. 또 어떤 부모들은 아이의 일거수일투족에 너무 사사건건 간섭한다. 그런 것을 보면 과연 저 아이가 성장해서도 부모의 지시를 받지 않으면 제대로 의사결정을 할 수 있을까 하는 걱정이 된다.

아이를 너무 방임하거나 제멋대로 키워서 이 사회의 다수에게 피해를 주는 사람으로 성장해서도 안 되겠지만, 행동 하나하나를 부모가 통제하게 되면, 그 아이는 이 일을 내가 해야 하는지, 하지 말아야 하는지 제대로 판단하지 못하고 부모의 눈치만 보게 되는 아이로 자란다. 과연 저 아이가 저렇게 자라서 부모가 옆에 없으면 험난한 세상살이를 어떻게 판단을 하고 살아갈까 하는 염려가 된다.

예를 들어, 집에 화재가 발생했는데 엄마에게 전화해서 "엄마, 집에 불났는데 어떻게 해야 해요? 엄마, 무서워요!" 만약 이런 일이 발생한다면 어떻게 될까? 생각해 보자.

때로는 규칙과 명령을 주어진 상황에 따라 어길 수도 있는 '독립적 사고'도 필요할 때가 있다. 예를 들어서, 큰 사고가 발생했는데 정해진 규칙에 의하면 무조건 시키는 대로 해야 하지만, 그 상황에서 규정이나 지시가 현저히 잘못되었다고 판단되면 자신의 판단에 의한 행동을 하여 본인도 살고 남의 생명을 살릴 수도 있다고 생각할 수 있도록 가르쳐야 한다.

부모는 아이의 생각과 판단에 대하여 믿어 주고 자립심을 키워 주어야 한다. 주관적 사고와 실행 능력은 자신을 지켜 주고 큰 기회를 잡을 수 있는 아이로 만들어 줄 것이다.

자식과 이별하자

6. 부족함과 결핍에서
배우는 아이

요즘 부모들은 아이들에게 참 잘해 준다는 생각이 든다. 내 자식들도 손주들에게 해 주는 것을 보면 거의 모든 것이 완벽할 정도이다. 장난감, 옷, 먹을 것 등 아이가 조금만 불편해해도 부모는 깜짝 놀란다. 옆의 아이와 조금만 부딪혀도 과잉 반응을 하고 옆부모와도 말다툼을 하게 된다.

조부모가 조금 어떻게 해 주고 싶어도 자식들이 너무 과보호하니 옆에 가기가 신경 쓰인다. "내가 어렸을 때는 말이야~" 하는 식의 이야기를 하면 안 되겠지만, 아이들에게 너무 과잉으로 잘해 주는 것 같다. 물론 자녀를 적게 낳으니 한 아이라도 잘 키우고 싶은 마음도 이해가 간다. 그러나 객관적인 입장에서 보면 과연 아이를 저렇게 교육해도 될까 하는 염려가 앞서게 된다.

필자가 자랄 때는 너무 가난하니 어릴 때부터 농사일이나 집안일에 매달려 열심히 일하지 않으면 당장 차가운 방에서 자야 하고 배도 고팠다. 그래서 어린 마음에 열심히 일해서 돈을 벌어서 라면을 하나 사 먹고 싶다는 간절한 마음도 들었다. 또한, 다른 친구들처럼 고무신만 신는 것보다 운동화도 신고 싶었지만, 모든 것이 부족하거나 모자란 결핍의 시대였다.

비록 어리지만, 돈을 벌어야겠다는 생각에 산에 가서 나무를 해다가 팔아서 몇 푼 벌어 본 적도 있다. 모내기 때는 못줄도 잡아 주고, 품앗이를 하는 농사일 자체가 돈벌이였다. 그 당시에는 누구나 다 그랬을 것이다. 필자가 고생했다는 이야기를 하려고 하는 것이 아니라 어렵고 힘들게 살아가다 보니 부족한 것에 대하여 갖고 싶은 결핍의 욕구가 있으면 스스로 갖기 위해 악착같이 노력하게 되더라는 이야기를 하려는 것이다. 그리고 어려움을 견뎌 나가는 인내심을 길러 갈 수 있었다.

삶을 살아가면서 어렵고 힘든 시절을 살아온 것이 큰 힘이 된 것이었다. 그 후에 내 자식을 키우면서는 절대 아이들을 고생시키지 않겠다는 마음으로 또 열심히 살아왔다. 자식을 키워서 결혼시키고 손주들이 크는 것을 보면서 내 자식들에게도 인위적으로라도 어려움을 겪게 해 주어야 하는데, 내 자식들을 강인하게 트레이닝시키지 못한 부모라는 점에서 스스로 아쉬운 생각이 많이 든다.

요즘 아이들 키우는 것을 보면 아무런 불편도, 어려움도 없이 모든 것을 부모가 알아서 척척 다 해 주는 세상이다. 그러니 과연 우리 아이들이 이처럼 응석받이로 자라서 이 세상을 살아갈 능력을 갖출 수가 있을까 하는 의구심이 든다, 우리 모두가 알다시피 요즘 젊은이 중에서는 스스로 삶을 마감하는 이들이 많다. 어릴 때부터 자기의 노력 없이 모든 것이 이루어지는 세상에서 살아왔

　　　　　　　　　　　　　　　자식과 이별하자

으나 막상 북풍한설이 몰아치는 이 세상에 나와 보니 찬바람을 맞으며 살아갈 용기와 힘을 잃어버리는 것이다.

어릴 때부터 부족함과 모자람, 갖고 싶은 욕망이 있어야 자신은 물론이고 사회도 발전하게 된다. 부모들은 자식에게 모든 것을 풍족하게 해 줄 것이 아니라 일부러라도 부족함과 결핍을 만들어 주어야 한다. 부모가 모든 것을 부족함이 없이 해 주다 보니 본인 스스로 먹잇감을 사냥할 수 있는 능력이 아예 없고 늙은 부모에게 먹을 것을 잡아 달라고 하는데, 이래서야 되겠는가?

7. 무조건 대학 진학을
고집하지 않는 아이

앞의 글에서는 미국 유학을 하러 가면 좋겠다는 글을 쓰고 이 글에서는 꼭 대학을 보낼 필요가 없다는 글을 썼는데, 그 이유는 이렇다. 자녀가 공부에 열의를 가지고 열심히 하고 특히 영어 공부도 노력하는 등 본인이 스스로 유학에 관심과 열의를 갖고 준비한다면 당연히 미국 유학을 해서 더 나은 학문의 길을 추구하는 것이 옳고, 대신에 아이가 공부하는 것을 그다지 좋아하지 않거나 공부에 취미가 없다면 꼭 대학을 고집할 필요가 없다는 이야기이다.

부모는 아이가 어릴 때부터 아이에게 이런 부분에 대하여 이야기해 주고 본인의 선택을 전적으로 존중해 주어야 한다. 공부에 생각이 없는 아이가 그저 대학 졸업장을 따기 위해서 대학에 가는 것이라면 대학을 꼭 가야 할 이유는 없다고 생각한다. 대학 졸업장이나 그 전공으로 취직하고 다 잘되는 것은 아니지 않는가. 우리 부모들은 그동안 못 배운 한과 내 자식만은 대학에 보내서 자기가 겪은 모진 고생을 시키지 않고 출세를 시켜야 하겠다는 간절한 염원이 몸에 배어 있지만, 논 팔고 집 팔아서 대학 보내도 원하는 직장을 잡기가 어렵다. 이제 세상은 바뀌고 있다.

자식과 이별하자

현대 사회는 대학을 졸업한다고 해서 번듯한 직장이 날 기다려 주는 것도 아니다. 그러나 대학 졸업하고 고졸이 가는 직장에 갈 수도 없고 남 보기가 부끄럽고 하니, 도피성으로 무슨 석사 공부 한다고 다시 대학원에 가면서 시간 낭비, 돈 낭비를 한다. 또 어떤 젊은이는 다시 돈을 들여서 취직이 잘되는 전문대학이나 기능대학에 재진학하기도 한다. 무조건 대학은 가야 한다는 생각에 제동을 걸고 싶다.

중학교, 고등학교 공부를 시켜 보면, 자식의 공부 머리는 파악할 수 있지 않은가? 공부를 특출나게 잘하는 것이 아니면 굳이 대학에 보내지 마라. 일찌감치 기술고등학교나 기능대학에 가서 전문 분야에 취직하게 하고, 직장에 다니면서 이 분야를 깊이 공부해야 할 필요성을 느끼고 본인의 간절한 의지가 있으면, 그때 다시 주경야독하면 된다. 그래서 사회적으로 성공한 사람도 많다.

필자의 한 후배는 지방에서 고등학교를 졸업하고 가정 형편상 대학 진학을 포기하고 9급 공무원 시험에 응시하여 면사무소에서 공무원을 시작했다. 그 후 시청을 거쳐서 도청 공무원 전입 시험에 합격하여 도청에서 근무하게 되었지만, 많은 직원 사이에서 경쟁하기가 쉽지 않다고 한다.

그래서 자기만의 경쟁력을 가져야겠다는 생각에 그야말로 주경야독 독학으로 영어 공부에 매진하였다. 그 후 공무원 영어 대회에서 1등을 하게 되어 국비 유학의 길도 열리게 되었다. 미국 유학 후에는 귀국하여 국립 대학에서 경영학 박사 학위를 영어 논

문으로 취득하였고 그 후 대학원에서 영어로 대학원생 대상 경영학 강의를 하였다. 조직 안에 수백 명의 직원이 있지만, 해외에 가서 영어로 사업할 수 있는 직원은 찾기가 어렵다고 한다.

산업체 위탁 과정으로 원하는 대학에 진학하여 공부하면 그것이 진정한 공부다. 그렇게 공부해서 그 분야의 전문가가 되어서 박사도 되고 대학에서 강의도 한다. 이것이 본인의 필요에 의한 공부다. 대학 졸업장을 따기 위해 쓸데없는 시간 낭비, 엄청난 돈 낭비를 할 필요가 없는 것이다.

고등학교 졸업하고도 본인의 의지와 열정만 있으면 성공할 수 있는 길은 많다. 물론 공부해서 충분히 성공할 수 있는 자질과 의지가 확고하면 당연히 공부를 시켜야 한다. 그러나 이 경우에도 자식에게 명확히 한계를 알려 주어야 한다. "고등학교 졸업이나 대학 졸업 때까지는 학비를 대주겠다. 그 후에는 네가 알아서 해라."라고 하고 용돈도 스스로 벌어서 보태라고 해야 한다. 부모가 얼마까지만 도와주겠다고 정해 놓지 않으면 밑 빠진 독에 물 붓기가 될 수 있다. 자녀가 "이번까지만 도와주세요!" 해도 냉정하게 결단을 내려야 자식을 망치지 않는 부모가 된다.

핵심 요지는 공부하는 것을 좋아하고 열심히 해서 성공할 수 있는 자녀는 공부를 시켜야 하고, 공부에 소질이 없거나 공부와 담을 쌓은 자녀는 억지로 시키려고 하면 안 된다는 것이다. 그렇게 하면 자녀는 스트레스와 압박으로 인해 가출하거나 딴 길로

자식과 이별하자

빠질 수 있다. 또는 부모와의 사이가 극단적으로 나빠져 아예 마음의 문을 닫기도 한다.

이 세상에는 대학을 나오지 않고도 성공한 사람이 정말 많다. 대학이 아이의 미래를 결정한다고 단정 짓지 마라. 현명한 부모는 아이의 장단점을 빨리 판단하여 앞으로 나아갈 길을 제시하고 함께 의논하고 고민한다. 무작정 남을 따라서 대학에 가는 것은 바보짓이다.

8. 성폭력에
잘 대처할 수 있는 아이

　요즘 우리 사회의 화두 중 하나가 성폭력이다. 자식을 키우는 부모 입장에서는 걱정할 것이 한둘이 아니다. 우선 우리 아이가 학교 폭력이나 성폭력의 피해자가 되어서도 안 되고 가해자가 되어서도 안 된다. 가해자가 되거나 피해자가 되면 평생 씻을 수 없는 고통의 멍에를 지고 한평생을 살아가야 한다. 부모들의 고민이 클 것이다. 아이들이 피해를 입지 않도록 예방 교육과 대처 교육이 절실하다.

　중요한 것은 부모들이 아이의 성교육을 잘해야 한다는 것인데, 이게 쉽지가 않다. 우리 기성세대는 어릴 때부터 성교육을 따로 받지 않고 자라 왔다. 친구들과 놀면서 자연스럽게 알게 된 것 같은데, 요즘은 인터넷 문화의 발달로 모든 정보가 급속도로 빠르게 전파된다.

　문제는 이런 성에 대하여 왜곡되거나 안 좋은 내용들이 인터넷에서 급속하게 퍼져 나가는 데 있다. 아이들이 성에 관하여 처음 접하는 지식이나 정보가 이런 정보라면 그릇된 성 인식 형성에 매우 큰 영향을 준다.

　이런 잘못된 내용들이 아이에게 전달되기 전에 공교육에서나 가

자식과 이별하자

정교육에서 제대로 된 성교육이 이루어져야 한다. 잘못된 정보가 아이의 내면에 자리 잡기 전에 올바른 교육을 해야 하는 것이다.

아이의 성교육에 대하여 필자가 경험했거나 그동안 생각해 왔던 부분 몇 가지를 나열해 보면 다음과 같다.

첫째, 부모가 아이에게 숨기지 말고 대화가 가능해야 한다.

우리는 아이들에게 성에 관해서 너무 폐쇄적이다. 부모와 자녀 간에 성에 대한 대화가 거의 없는 것 같다. 요즘 젊은 부모는 어느 정도 아이들과 대화를 나누는 것 같은데, 필자는 부모가 아이들에게 성에 대하여 너무 쉬쉬하거나 폐쇄적이어서는 안 된다고 생각한다. 딸과 엄마, 아들과 아빠 등 딱 이렇게 구분할 필요는 없지만, 먼저 같은 이성끼리 터놓고 이야기하는 것이 필요하다는 생각이다.

만일 부부가 성관계를 하는데 아이가 이 광경을 보았다면, 우리 부모들은 순간 어떻게 대처할 것인가? 이 세상 부부가 다 하는 일이지만, 아이가 보면 입장이 난처하다. 아이도 순간 당황하고 충격을 받을 수도 있다. 아이를 나무랄 것인가? 아니면 머리를 긁적이고 기침 한 번 하고 밖으로 나갈 것인가? 이 순간이 정말 중요하다. 뭐라고 해야 어색하지 않게 아이에게 잘 이해시킬 것인가?

필자의 생각으로는 이럴 때는 아이를 안아주며 "아빠와 엄마는 서로 좋아하고 사랑해서 결혼했고, 결혼한 부부는 서로 이렇게 몸으로 만져 주고 사랑을 나누는 거야. 그래서 너희들이 이렇게 태어나게 되었단다. 다음에 너도 커서 좋아하고 사랑하는 사람이 생기면 결혼하게 되고 이렇게 하게 될 거야."라고 이야기해 주는 것이 올바른 방법이다. 그러면 아이는 고개를 끄덕일 것이다.

이 이상 더 뭐라고 해야 좋은가? 단순하면서도 솔직하고 담백한 것이 좋다는 생각이다. 우물쭈물하는 변명은 오히려 이상하다. 오히려 아이가 여기서 많은 것을 배우게 되는 기회가 되지 않을까? 부모부터 마음을 열고, 아이들도 그렇게 되도록 유도해 보자.

사랑하는 사람과는 결혼하게 되고, 성은 나쁜 것이 아니고 좋은 것이라고 말이다. 그리고 전적으로 본인의 생각에 따라야 한다고 가르쳐야 한다.

둘째, 우리 아이가 성폭력의 가해자나 피해자가 되지 않도록 해야 한다. 아이에게 성과 관련된 모든 행위는 한쪽의 일방적인 생각으로 하는 것이 아니고, 상대방의 의사를 존중하는 것이 가장 중요하다는 것을 누누이 강조해야 한다. 서로를 배려해야 하고 상대편의 생각을 존중하는 것이 사랑의 첫걸음이라고 가르쳐야 한다.

특히 요즘은 인터넷으로 건전하지 못한 성문화가 급속도로 확산되고 있다. 아이가 스마트폰이나 컴퓨터를 이용하니 부모가 쉽게 알아채기도 어렵고 큰 문제가 생겨야 부모가 알게 된다.

보통의 부모가 우리 아이는 절대 그런 아이가 아니라고 미리 단정하는 것이 큰 문제의 발단이 될 수도 있다. 우리 아이도 가해자나 피해자가 될 수 있다는 인식을 가지고 있어야 한다. 이런 가능성을 예방하고 차단하기 위해서는 부모와 자녀가 성에 대하여 상당 부분 허심탄회하게 대화를 나누는 방법이 제일 좋다. 부모가

자식과 이별하자

자연스럽게 대화의 물꼬를 터야 한다.

부모의 적절한 관심과 대화가 우리 아이들에게 올바른 성문화를 만들어 주는 데 큰 역할을 할 것이다.

셋째, 성폭력 대처에는 단호함과 순간적인 판단이 중요하다고 가르쳐야 한다. 당하는 순간 두려움에 떨어서 거부 의사가 미온적이면, 상대는 자신에게 더욱 빌미를 주는 것이라 여길 수도 있다. 그 자리에서 과감하게 싫다고 큰소리로 의사를 표시하는 것을 어릴 때부터 가르쳐야 한다. 단호함과 결기가 필요하다.

넷째, 유사시 단순 반항이나 소극적 거부만으로는 아이가 자기 몸을 보호할 수 없다. 나이대에 맞추어 위기 대비 플랜을 세 가지 정도는 준비하고 부모와 같이 틈틈이 훈련해 보자.

필자가 손녀에게 가르쳐 주고 싶은 플랜은 다음과 같다.

플랜 첫 번째는 핸드폰을 사용하는 방법이다. 핸드폰은 항상 휴대하고 있고 손에 쉽게 쥘 수 있으니 방심한 상대에게 핸드폰 모서리로 순간적으로 얼굴을 가격하는 것이다. 이렇게 하면 위급한 상황에서 시간을 벌 수 있다. 이기려고 하는 것이 아니다. 시간을 벌면 된다.

플랜 두 번째는 남자의 급소를 손이나 발, 핸드백으로 공격하는 것이다. 한두 동작만 숙달하면 아주 효과적으로 사용할 수 있다.

플랜 세 번째는 핸드백이나 가방에 전기 충격기와 휴대용 비상벨 또는 호루라기를 휴대하는 것이다. 그리고 '설마… 우리 딸은 괜찮을 거야!' 하는 안일한 마음을 갖지 않도록 하고, 항상 언제, 어디서라도 당황하지 않고 대처할 수 있는 용기와 담대한 마음을 갖도록 해 주는 것이 우리 아이의 안전을 지켜 주는 핵심이 될 것이다. 현명한 부모의 결단이 필요하다.

자식과 이별하자

글을 마치면서

이 책을 쓰게 된 동기는 다음과 같다. 어렵고 힘든 한 시대를 열심히 성공적으로 살아온 필자 주변의 많은 사람이 노년이 되었을 때는 너무 힘들고 궁핍하게 사는 것을 보니, 안타깝고 답답한 마음에서 그 원인이 뭘까 하고 여러모로 생각하고 관심을 가져 보았다.

결국 노년기 궁핍의 가장 큰 원인 중의 하나가 자식이었다. 그런 사람들의 공통점은 어릴 때부터 자식 교육에 문제가 있었고 특히 실패한 것은 경제 교육을 하지 않았다는 것이다. 아무리 열심히 살아도 노후에는 저렇게 개념 없는 자식 때문에 망가지는가 싶었다. 이런 현실적인 이유로 아이가 어릴 때부터 성인이 될 때까지 오랫동안 제대로 된 가정 교육을 하고 좋은 습관을 만들어 주자는 생각이 들었다. 그리고 아이가 성인이 되거든 경제적 이별을 선언하고, 은퇴 후에는 영혼과 몸이 자유로운 자유인이 되자는 것이다.

아직 아이가 어린 젊은 부모는 이 책을 참고해서 장기적인 좋은 습관을 만들어나가면 될 것이고, 자녀가 성인이라면 과연 자식과 부모의 경제 관계가 제대로 되어 가는 것인지 대하여 스스로 점검해 볼 필요가 있다. 부모가 자식과 경제적으로나 금전적으로

엮이게 되면, 그 노후는 고생길이 열리게 된 것이다. 자식이 능력 있고 잘살면 부모와 경제적인 이별이 당연한 것이고, 어려우면 부모에게 일명 빨대를 꽂게 되는 것이다. 잘살든, 못살든 자식의 인생은 자식의 인생이고, 부모의 인생은 부모의 인생이다. 엮이지 말자.

이 책에서 쓴 글들은 필자가 직접 손주들한테 교육하는 내용도 있고, 부모들을 통해서 하는 것도 있다. 또한, 앞으로 이루고 싶은 계획도 있다. 현재 제일 큰 손주가 11살인데, 과연 이 애들이 계속 잘 따라와 줄 것인지 궁금하다. 분명 살아 보니 필요하고 좋은 교육과 습관이기는 하지만, 아직 아이들이니 이해를 못 하거나 불만을 가질 수도 있다. 부모들이 아이들과 보조를 맞추고 아이들의 마음을 잘 헤아리며 적절하게 이끌어 나가야 할 것이다.

글을 쓰면서 여러 젊은 부모의 의견을 들어 보니, 생각들이 다양했다. 당연히 아이들에게 이렇게 가르쳐야 한다는 부모도 있고, 또 실제로 그렇게 하는 부모도 있었다. 또 다른 부모는 아이들이 5학년 정도까지는 따라와 주었는데, 그 이상은 말을 잘 안 듣는다고 하는 이도 있었다. 계획은 그럴듯하지만 쉽지 않고, 실행하는 데는 부모의 인내와 큰 노력이 필요하다는 것이다.

그 말에 적극적으로 공감한다. 필자도 아이들 3명을 초등학생 때부터 미리 영어 공부한다고 애를 많이 썼지만, 결국은 성공하지 못했다. 오랜 세월이 지나고 손주들이 자라는 것을 보면서 깨달은 것은 무조건 가르치려 들거나 강제로 시켜서는 안 된다는 것이다.

우리가 어릴 때 부모에게 매 맞고 자라던 시절과는 다른 세상임을 알아야 한다. 아이의 인격과 생각을 존중해 주어야 하며, 좋은 습관과 훈련을 위해서는 아이 자신이 원하는 희망과 이익이 맞아야 하고 재미가 있어야 한다. 어쩌면 우리 부모는 아이들과 크고 작은 '딜'을 잘하는 것이 자녀 교육을 위해서 필요할지도 모른다.

또한, 필자가 손주들이 자라는 것을 보며 많이 느끼고 깨달은 것은, 아이들을 잘 키우는 방법 중 하나는 아이를 키우고 싶은 방향으로 칭찬거리를 찾아서 계속 칭찬해 주는 것이다. 특히 아이의 소질을 찾으면 더욱 좋다. 아이를 화가로 키우고 싶으면 그림을 그릴 때마다 칭찬을 계속 해 주면 될 것이고, 아이를 도둑으로 키우고 싶으면 남의 집 물건을 훔쳐 올 때마다 칭찬을 계속 해 주면 그렇게 될 것이다. 나이가 많은 나도 그렇고 나이가 어린 손주도 그렇다. 사람은 칭찬해 주면 좋아하고, 자꾸 칭찬을 받으려고 그런 행동을 하고 싶어진다. 칭찬은 소도 열심히 일하게 한다.

아이들은 아직 여백이 많은 도화지이다. 우리 부모가 아이와 함께 아름다운 그림을 그리도록 노력해야 한다. 우리 부모는 어쩌면 하나만 알고 둘은 모르는 바보인지도 모른다.

내가 돈 잘 벌어서 아이들 교육을 열심히 시킨다고 하지만, 엄밀히 말해서 그것은 교육이 아니고 국, 영, 수 공부를 시켜서 좋은 대학에 보내려는 것이다. 좋은 대학에 간다고 반드시 성공하는 것은 아니다.

　필자의 선배 한 사람은 중고등학생 때 공부를 잘해서 서울의 일류 대학에 가서 좋은 직장을 잡았지만, 시골의 부모님을 도와주기는커녕 지금도 자주 돈을 요구한다. 돈을 많이 벌지만, 경제 관념 없이 삶을 살아가니 항상 쪼들리는 것 같다.

　삶을 살아오면서 많은 생각을 해 왔다. 돈을 많이 버는 좋은 직업이나 스펙도 중요하지만, 중장기적으로는 자식에게 올바른 금융 경제 교육을 해야 한다. 그리고 삶을 살아가면서 꼭 필요한 좋은 삶의 습관을 가르친 후에 밀림으로 떠나보내는 것이다. 그러면 부모의 할 일은 다 했다. 만사를 다 던져 버리고 새로운 삶을 찾아서 떠나자.

자식과 이별하자

발행일	2020년 11월 6일

지은이	윤종암		
펴낸이	손형국		
펴낸곳	(주)북랩		
편집인	선일영	편집	정두철, 윤성아, 최승헌, 이예지, 최예원
디자인	이현수, 한수희, 김민하, 김윤주, 허지혜	제작	박기성, 황동현, 구성우, 권태련
마케팅	김회란, 박진관, 장은별		
출판등록	2004. 12. 1(제2012-000051호)		
주소	서울특별시 금천구 가산디지털 1로 168, 우림라이온스밸리 B동 B113~114호, C동 B101호		
홈페이지	www.book.co.kr		
전화번호	(02)2026-5777	팩스	(02)2026-5747

ISBN	979-11-6539-433-2 03590 (종이책)	979-11-6539-434-9 05590 (전자책)

이 도서의 국립중앙도서관 출판예정도서목록(CIP)은 서지정보유통지원시스템 홈페이지(http://seoji.nl.go.kr)와
국가자료공동목록시스템(http://www.nl.go.kr/kolisnet)에서 이용하실 수 있습니다.
(CIP제어번호: CIP2020046691)